时装创意设计

创意思维与技法表现　　编　著　周晓鸣

上海人民美術出版社

图书在版编目（CIP）数据

时装创意设计／周晓鸣编著．－上海：上海人民美术
出版社，2016.6
ISBN 978-7-5322-9974-4

Ⅰ．①创…　Ⅱ．①周…　Ⅲ．①服装设计
Ⅳ．①TS941.2

中国版本图书馆CIP数据核字（2016）第145416号

时装创意设计

编　　著：周晓鸣

策划编辑：沈丹青　徐　亭

责任编辑：徐　亭　沈丹青

版式设计：朱庆荧

技术编辑：朱跃良

出版发行：上海 人民美術出版社

　　　　　上海市长乐路672弄33号

　　　　　邮编：200040　电话：021-54044520

网　　址：www.shrmms.com

印　　刷：上海海红印刷有限公司

开　　本：787×1092　1/16　8.5印张

版　　次：2016年6月第1版

印　　次：2016年6月第1次

书　　号：ISBN 978-7-5322-9974-4

定　　价：39.00元

■ 前 言

出版《时装创意设计》一书的想法产生于四年前。2012年，正值上海工程技术大学中法埃菲时装设计师学院成立十周年之际，我院编辑了三本以学生作品为主、反映学院教学特色的十周年纪念册，分别是：创意灵感册、创作手稿册、高级时装创意设计面料册。三本纪念册丰富的图片资料、创新的编写内容受到学生、老师，以及专业人士的欢迎，当时就有想法集册成书、出版发行，成为时装设计专业学生的教材和参考书籍。

历时四年，终于完成。比之十周年纪念册，《时装创意设计》作为教学书籍，在课程体系的构成上更为完善，在实践与理论的结合上更为紧密，在借鉴中外，尤其法国的设计资源整合上更为全面。

本书的问世，如同中法埃菲时装设计师学院的成长，得到了包括上海工程技术大学历任和现任的汪泓校长、丁晓东校长、夏建国校长在内的领导们的扶持和关心，以及全院教师的全情投入，在此致以真挚的感谢！

将中法埃菲时装设计师学院打造成为上海工程技术大学"艺法"时尚教育品牌，建设成为上海乃至全国高级服装人才的孵化器，是我们始终坚持、从未改变的办学理念，我们也将在培养高级时装设计师的道路上继续执着地走下去。

不忘初心，方得始终。

上海工程技术大学中法埃菲时装设计师学院院长

周晓鸣

INSPIRATION
OF FASHION DESIGN
时装创意灵感

1

第一章
创意思维概述

第一节　基本概念

课时安排：6课时

一、灵感

　　"灵感"在词典中的释义是：在文学、艺术、科学、技术等活动中，长期实践，不断积累经验和知识而突然产生的富有创造性的思维。古希腊哲学家柏拉图在《伊安篇》中，把灵感解释为神力的驱使和凭附，灵感是一种富于魅力的、突发性的、看不见也摸不着的思维活动，是一种心灵上的感应。灵感是突发性的"顿悟"，然而其产生并不是无理可循，它具有偶然性、跳跃性、增量性、短暂性、独特性、不可重复性、潜意识性、不稳定性及专注性等性格特征。在服装设计领域，灵感的运用产生了创作的源泉。因此，设计师要善于了解灵感的个性特征，把握时机，捕捉灵感，记录灵感，并通过长期的实践，促进灵感的迸发和对其灵巧的应用。

二、创意

　　《现代汉语词典》对"创意"的解释是：想出新方法、建立新理论、做出新成绩或新的东西。"创，始造之也。""创"字包含着始发的、崭新的意思，有原创、创造、独创之含义。"意"是指构思之意，有意识、意念、新意、意向、意会、意味、注意等含义。因此，创意可理解为是一种意识，一种前所未有的、超束缚性的、突破传统的思维模式。

"创"与"意"的结合,不但强调思维作用于行为并指导行为的能力,而且特别强调创意是一种非物质的精神活动行为。因此,"创意"是具有一定创造性思维程序的产物,即是一种有思想的、有意识的、创造性的行为。而这种创造性思维是人类思维中最复杂、最多变的思维形式,也是现代高科技计算机所难以模拟的。因此,设计的本质就是创造。

三、创意思维

创意思维是指用创造的理念、创造的方法解决问题时的思维。它是人类思维的高级表现,是一种具有主动性和独特性的思维活动。它往往以新颖、不同寻常的方式主动思考并解决问题,反映事物本质属性和内、外在联系,是一种可以物化的具有新颖的广义格式的思想心理活动、它寓于抽象思维和形象思维的结合之中。对于服装设计而言,创意思维是获得灵感,并将灵感图像化的通路,而要获得这种通路,就需要了解并掌握其类型和设计之间的关联。

第二节 服装创意设计的思维分类

一、反向思维与变相设计

惯性思维常常会形成一种固定的思维模式影响人们思考问题和研究问题的思路,其特殊的意识会造成思想僵化、思路闭塞,习惯常常不思而行,使人们的创造性受到影响。反向思维则是一种逆常规思路寻找解决问题关键的思维方式,也称"逆向思维"。当在设计中找不到设计点或思路受到阻塞时,设计师可以换一种思考方式,开拓思路,也许会在逆向思维中寻找到答案和设计思路的创新点。所以,逆向思维是对固有思路与观念的冲撞、融化与稀释,会带给我们意想不到的设计理念。

现代的服装设计经历了漫长的发展历程,其中服装结构经历了无数次的尝试与创新,要想有新的突破很难。但是,如果通过反向思维去另辟蹊径,会打破传统的功能与意义,寻找到新的创新方法。这种思维方式在服装设计中被称为"变体设计"。比如内衣外穿,在女装的设计中出现男装衬衫袖的局部结构和将服装款式结构重新打乱解构重组,这种逆反原来穿着的概念和搭配方式成为风行的服装潮流,这种反向思维也给服装设计带来了无限的创意。

二、类比思维和仿生设计

著名的学者高桥洁说过：从构造相似或形象相似的东西中求得思想上的启发，这种方法称为类比思考。根据两类对象或两类物质之间的相同性或相似性从而推出在其它方面之间也会有相同性或相似的属性，从而得到启发，开拓思路提供新的线索，它是根据事物之间相近、相反或相似的特点，由近及远、由此及彼的一种思考问题的方式方法。在艺术的创作过程中，想象力是创意思维的提炼与升华、扩展与创造，而不是简单的再现，是创造与创新的思维过程。大胆地想象，异想天开和打破传统观念的束缚，只有这样，设计师的灵感才能不断迸发，创作能力才能不断提高。仿生设计的服装往往运用此种思维方式。

仿生服装设计以自然生物的发展规律和生态现象的本质为依据，探索自然生物和生态形象的内在审美特征和文化内涵，并以此为设计灵感，针对服装的整体艺术风格和色彩、配饰、图案、面料等各构成要素仿造生物和生态现象的外形或内部构造、肌理特征等而设计的服装。如欧洲18世纪的燕尾服、中国清朝的马蹄袖等等，皆为类比联想后的服装产物。

服装仿生

三、发散思维和整合设计

以大脑作为思维的中心点，四周是无穷大的立体思维空间，通过举一反三、触类旁通、把思路向外扩散，形成一个发放的网络，从多方面、多角度、多层次进行发散思维，将头脑中的记忆表象加以拆分、解构、重组、取舍，形成新的思维焦点，从而产生新的服装设计思路。

发散思维产生多种思路之后，需要集中整合灵感的中心，筛除掉荒谬的、与整体氛围不和谐的、杂乱无序的内容，在细节中加强设计的焦点，从而使服装的整体效果锦上添花。例如以优雅为代名词的香奈儿女装外套，里布使用与外部一致色彩的真丝面料，在下摆手缝铜质链带，隐藏在衬里的收边，其作用在于呈现完美的垂坠度，不易变形的同时展示了细节与整体风格的高度匹配。

四、无理思维和媚俗设计

这是一种非理性的、散漫的、随意的、跳跃的、具有游戏性质的思维方式。这种思维方式在设计之初并没有具体的目标. 它打破常规的思考角度，甚至选择不合理的思维方式，突发灵感而展开设计。无理思维以自由嫁接的态度对待事物，对规律提出质疑，甚至对规则进行拆解、破坏、反对任何观念、范畴，是一种超然、一种调侃、一种黑色的幽默方式。

例如满是破洞的的军装与妖娆的蕾丝花边混合使用，这种思维方式可以充分挖掘现代社会中大众文化追求表层感官满足的特性，通过传统形式美和艳俗内容的结合让设计以妖艳、甜俗的感官来嘲弄昔日优雅端庄的传统审美标准，从而揭示了某个时代群体的服装审美心理。

五、虚拟思维与超现实设计

虚拟思维是通过远离现实，以超脱的形式和与现实背道而驰的逻辑来思考事物，其设计的作品往往具有强烈的视觉冲击力或富有虚幻的视错效果。虚拟性设计思维是人们在从事各种艺术设计活动中采取的一种用现实符号或自然内在节律，在自由、超然、虚幻层面上所进行的创造性想象的思维方式。"虚"要求设计者充分发挥想象力对客观事物进行主观分析，再以形象代替理念。通常由假设开始，使得艺术的真实高于生活的真实，更深刻、更全面地反映现实生活。"拟"是一种幽默的创意形式，以诙谐、夸张、变形的手法表现幽默感背后的深刻内涵。"拟"是通过想象、虚构、假设等思维方式，把其他事物的形象与"人"或"物"的特征有机联系起来，使创意更富人性化、更易于理

燕尾服

解、富有亲切感、利于信息传达。

　　这种看似诙谐的表象和富有深意的设计风格与超现实主义如出一辙。例如意大利时装设计师夏帕埃里与画家达利合作设计的"泪滴"图案服装，类似女性红唇的腰部1：3设计，胸部像是箱子抽屉的西装口袋设计，绣有假领子、克夫或领线的羊毛衫，花生、羊头、金鱼或人形的钮扣，有着指甲的手套等作品都是典型的代表作品。这些服装大多廓型简单，色彩纯度高，易于穿着，装饰细节趣味横生。夏帕埃里用她超现实主义的作品，寻求一种奇迹和梦境的解释，也让人体会到超现实主义艺术超越时空的震撼之美。

六、柔性思维与中性设计

　　柔性设计思维方式是指一种既具有灵活的、善变的、多维的、感性的和发散性特点，同时又具有理性的、收敛性特点的思维方式，其创意性高、适应性强、包容性大、兼容性好。采用此种思维方式所完成的作品往往具有多样性、多重性、通达性的特征，与此相对应的是带有某种固定模式的、过于个性化和锐利感的"硬性设计思维方式"。柔性设计思维方式具有善变创新与收敛成熟的双重性思维特征。

超现实主义

柔性思维的显著特征使其作品富有中庸性。中庸即是不偏不倚，不走极端，融合多种要素和语境进行思考，这点与服装中的中性风格颇为相似。当女装要表现女权主义时增加垫肩设计，但却用浅色平衡温柔感。而男装为了抵消刻板严肃的上班族形象，则将西装中的驳领变窄，甚至一侧可以翻折后搭叠在领口处，形成商务休闲的双重样式，增加了可穿着的场合。

七、空间思维和建筑风设计

空间性设计思维方式从广义角度即是通常所说的全方位、多角度、多层次思维方式。就狭义而言，所谓空间性设计思维是指：基于空间，从空间的概念和意识着眼，对空间事物迅速高效地进行一系列分析、判断、应对及再调整处置的完整的设计思维过程。设计师通过空间性设计思维的训练，能够顺利地把创造性思维过程中形成的形象用立体的方式表达出来。当"空间"这个概念被越来越多地提及的时候，艺术设计更加关注如何在二维的空间中打造出三维空间的效果，四维空间的意境；以及如何在设计作品中融入更多的空间思维，从点、线、面、节奏、范围、位置、方向的不同角度去探索一件平面的作品，或者试图用平面的手法来概括多维和组合形式的不同表现、丰富的内容，给人带来不同的心理感受。

在服装设计中，建筑风的服装是通过空间思维完成作品的典型风格。建筑风服装大多是线条的明快简洁，鲜明的轮廓和分离而不连贯的形状，并给人一种印象，即服装本身具有的建筑性结构可以使之脱离穿

仿生歌剧院服装

着者的身体而独立。比如哥特式风格的服装就深受哥特式尖顶高耸的教堂的影响，在服装中主要体现为高高的冠戴、尖头的鞋、衣襟下端呈尖形和锯齿等锐角。而织物或服装表现出来的富于光泽和鲜明的色调是与哥特式教堂内彩色玻璃的折光效果如出一辙。在文艺复兴时期的欧洲，当时的西班牙宫廷服装所流行的造型就与建筑相仿：轮状折裥领、法新盖尔裙撑、巨大的羊腿袖和如扇子般高高耸起的折裥立领等，其中裙撑的设计以教堂的大型穹顶结构作为模板，也有效地解决了承重问题。

第三节　灵感的实现过程

灵感虽如火花般闪现，然而需要有一定的表现程序来处理。一般而言，创意服装的灵感实现过程分为主题、漫想、记录、整合、完善五个阶段。

一、主题

服装设计根据引发创造的不同，可分为偶发型设计和目标型设计两类。前者是指设计之前并没有明确的目标和方向，而是受到某类事物的启发，突发灵感完成的设计创作，后者则相反。

对于偶发型设计，虽然可以凭主观的表现愿望和内容去完成设计，但依然要明确最终设计的风格和想要表达的理念等。而对于目标型设计，在灵感产生之初，先要明确此次设计的主题、类型、数量、风格、穿着季节和人群等相关要求。

二、漫想

当设计主题明确之后，迎接灵感的最好方式就是漫想。漫想是不经意和无羁绊的想象。漫想的过程是量变到质变的积累，可以利用设计方法中的联想法进行，由一个事物展开放射思维，直至出现所需的灵感。为了获取更多、更好的感源，设计师应尽量在脑子里多存储一些有价值的素材，在平常就养成广泛收集素材的习惯，这既能让设计师把思维集中，又能给设计师提供形成理念的设计线索。收集素材主要包括与设计主题有关的面辅料、摄影、色谱、建筑、化妆品、草图、包装纸、广告、服装、报纸、香味、声音等。

三、记录

通过漫想和搜集之后，记录创意灵感则是将灵感具象化的重要过程。记录方式大致上有图形、文字和符号三种。通过对服装风格关键词的确定，为表现某个主题，可同时从多个角度积累灵感素材。记录下来的灵感往往是潦草而简单的草图。然而并非每个灵感都适合用到服装中去，尤其在记录到众多的灵感时，更要注意对灵感的筛选。同时尝试多种绘画的手法，从而能更熟练和寻找到适合自己的方法，并用自己特殊的艺术形式把它表现出来。

四、整合

当记录下众多纷繁芜杂的灵感时，需要通过对灵感的整理和筛选，从而形成明确的设计草图。整理设计灵感一般在可视状态中进行，将记录的文字或符号图形化，画成设计草图。因此，需要设计师不断提升绘图能力，包括手绘和电脑绘制，因为能迅速绘制设计草图也是灵感的专注性和增量性的表现之一。草图最好能从多个角度来画，有些以总体造型为重，有些以局部细节为主，不仅可以为系列化设计铺平道路，而且多角度画草图有助于提高设计速度。同时，在整理的过程中有时会有新的灵感闪现，可以不断丰富设计内容。

五、完善

将整合后的草图配合人体画成整体的服装效果图。这个过程是虚拟地检查设计的空间状态是否合理的步骤之一。经验丰富的设计者可以在绘制效果图的过程中发现并改正问题。此外，灵感表现的完成阶段还需要完善设计的整体感。协调服装与鞋、帽，包、袋和首饰等配饰的关系，甚至包括化妆、发型等。

第四节　创意服装设计的形式美法则

一件事物之所以能产生美感是由于其自身的结构、组织、排序与外部形态都符合一定的规律。当形式美与内容达到完美的统一和结合，又有独具特色的个性及审美价值时，则表明其适应了形式美的法则。设计师们在创造各类服装时，不仅要掌握各种形式要素的特性，还要对各种形式要素之间的构成关系不断探索和研究，从而总结出了各种形式要素的构成规律。

一、反复、交替

同一个要素出现两次以上的重复排列而产生的强调手段是反复；当把两种以上的要素轮流反复时则是交替。反复和交替是服装设计师常用的手段之一，无论是在结构、色彩还是在材料上运用，其生成的有序与协调都是富有美感的。反复与交替提升了服装整体的层次感与体积感。

二、节奏

节奏是音乐术语，指各种音响有一定规律的长短强弱的交替和组合，是音乐的重要表现手段。在服装造型上，是通过元素的反复和富有一定规律性的排列，突出视觉上的主次关系和秩序性。如服装中某一元素的叠加和排列秩序，形成它有快有慢、有松有紧、有强有弱的节奏感，或是服装的色彩、面料的重叠、装饰物的反复等手段，都能产生服饰的节奏感与音乐般的韵律。

三、渐变

是指要素的基本形状、方向、位置按照一定的顺序和规律呈阶段性的递增或递减的变化。当变化保持统一性和秩序性时便显现出美的效果来。在服装设计中渐变的效果主要由色彩、图案和装饰来完成。以渐变为主要设计手法的服装，往往具有柔化的美感。

四、对称

对称是指整体的各个组成部分之间的对等、相称和对应的关系。古希腊的美学家们曾经提出："人体美确实在于各部分之间的比例对称。"在对称的形式中，要素排列的差异性较小，所以一般缺乏活力，比较适宜于表现静态的稳重和沉静。对称使服装风格整齐、庄重、安静，对称可以突出中心。

五、平衡

平衡是来自于力学的概念，指重量关系。在服装设计中是指主观感觉上的大小、多少、轻重、明暗、质量等的均衡状态。两个以上的要素，相互取得均衡的状态叫做平衡。在服装中有上下平衡、左右平衡、前后平衡等形式。均衡的最大特点是在支点两侧的造型要素不必相等或相同，它富有变化，形式自由。均衡可以看做是对称的变体。对称也可以看做是均衡的特例，均衡和对称都应该属于平衡的概念。均衡的造型

对称

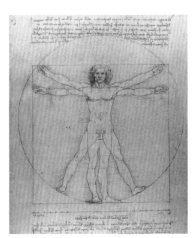

维特鲁威人

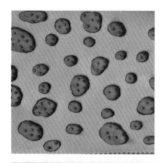

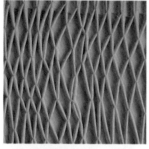

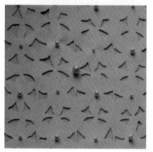

运用了煅烧、镂空钉珠以及褶皱肌理改造
手法的面料二度创作

方式，彻底打破了对称所产生的呆板之感，而具有活泼、跳跃、运动、丰富的造型意味。

六、比例

比例是指形式对象内部各要素之间的关系。例如服装设计中几何图案的长宽比例、不同色块相拼的面积比例、不同质感的面料色阶跨度的比例等。当一种艺术形式的内部具有的某种数理关系，能与人在长期实践中所接触到的数理关系达成默契时，就会形成心理上的快适感，这种形式比例就可被称为符合比例美的形式，从而在作品中体现出比例美。另一种与服装有直接关系的则是人体比例，如基准比例法、黄金分割比例法、百分比法等都是研究人体比例所用的。比例对于人物造型非常重要，掌握好这一形式法的使用，将会使人物的个体造型和群体造型都能产生特别的美感效果。

七、对比

对比是指造型要素之间相反属性的一种组合关系。对比包括形式对比和内容对比。在服装造型与表现方面有内容的对比，如华贵与质朴、典雅与粗俗、成熟与幼稚等。在形式的对比上具有一定的抽象性，如空间虚实、色彩浓谈冷暖、光线明暗、质感粗细等。对比手法的运用，便于显示和突出服装中的设计亮点，强调视觉效果和感染力，成为视觉的中心点。

八、调和

调和是一种秩序感，多种要素之间在质或量上保持秩序和统一并给人以愉悦感的一种状态。服装造型的调和首先是形态性质的统一，形态的类似性是达到统一的重要条件，但是类似性重复过多就会有单调感，调和中同样要有变化，即在统一之中运用比例、平衡、节奏等方法取得形状、色彩、质感的微妙变化。

九、主次、统一

主次是服装设计中重要的形式美法则之一，又称为"主从"或"宾主"。在一套服装设计的造型组合中，为了表达突出的艺术主题，通常在色彩、块面及装饰上采用有主有辅的构成方法。任何一件作品都是采用多种元素构成，多种形式处理，多种手段完成的。而一件优秀的作品对于造型元素来讲并不是平均分配的，它们有主导和从属之分，也有整体和局部之别。局部作为整体的组成部分而从属于整体。这种分配关系的结果是：主体的整体感很强，追求的目的明确，在局部的小变化发挥了应有的作用，使整体显得内容丰富，更具魅力，同时也产生了统一美。

第二章
创意思维实现

第一节　文艺思潮

课时安排：8课时

　　文艺思潮是一定时代和历史条件下的产物，是社会意识形态的一个重要现象。在社会大变革的年代里，文艺思潮往往与各种社会思潮激荡碰撞、交织互动、此消彼涨。文艺思潮受社会思潮和文化思潮的制约，同时影响着服装设计的走向。如曾经的解构主义、立体主义、抽象主义、印象主义、浪漫主义这些风潮与当时的社会活动和文化紧密相关，为服装设计师提供了创作的动因。文艺思潮和艺术风格的兴起，对于服装设计产生了重大的影响。如洛可可风格、波普艺术、朋克文化等。现代妇女的解放思潮使女装出现了男性化、个体化的意识。

　　服装作为艺术的载体之一，与绘画、雕塑、摄影、音乐、舞蹈、戏剧、电影、诗歌、文学等各个艺术门类相交融，是设计灵感的最主要来源之一。设计的一半是艺术，艺术之间有许多触类旁通之处。绘画中的线条与色块、雕塑中的主体与空间、摄影中的光影与色调、音乐中的旋律与和声、舞蹈中的节奏与动感、戏剧中的夸张与简约、诗歌中的呼应与意境……这些通感在设计师的意念里形成了一个个鲜活的服装符号，传达着奥妙的设计语言。伊夫·圣·洛朗曾将蒙德里安、凡·高、毕加索、克里等绘画大师的名作稍经改装，将服装作品与时代风格息息相关。听到一段音乐或看着一段舞蹈，有时也会联想到服装的影子。属于抽象艺术范畴的诗歌，却留给人更多的想象余地，辽远的意境是灵感萌芽的沃土。

　　″服装是社会的一面镜子″，敏感的设计者会捕捉社会环境的变革，通过对各类艺术的理解和感知，推出富有时代感的时装。人们生活在现实社会环境中，不可避免地受到社会动态的震荡，由于社会大环境下发生的事情经过传播，会成为公众关注的热点话题，影响广泛，因而，巧妙地利用这一因素设计服装，容易让人产生共鸣，具有似曾相识的熟悉感。多数人在接受新事物时怀有从众心理，相对不容易接受完全陌生的东西，更乐于接受已在一定范围被承认的东西。当一种新的服装样式出现时，由于人们已了解其把背影和内涵，会更容易接受一些，反之则会产生排斥心理。设计师只有握住时代的脉搏，才能通过作品更好地与时代互动。

一、波洛克（Pollock）的抽象主义

　　美国抽象表现主义的代表人物杰克·波洛克摒弃了画家常用的工具，摆脱手腕、肘和肩的限制，以随意的行动作画，用石块、砂子、铁钉和碎玻璃掺合颜料在画布上磨擦，有时则任其成为稠厚的流体，形成了典型的″行动绘画″。当这种手法用在薄纱羽翼般的连衣裙上，无论是大面积滴注，还是在局部加洒深浅不同的色彩，黑色油彩中再次浇滴醒目的白色和无光泽的色彩。色线绵密得像网一样彼此纠缠着，有的地方密不通风，有的地方突然泛上来浓浓的鲜红色。静态的姿势穿上动态的旋律、喋喋不休、跌宕起伏、秘密传播、不能休止。

以波洛克的抽象主义为灵感的一组服装设计

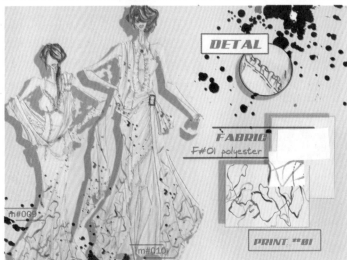

以波洛克的抽象主义为灵感的一组服装设计

二、沃霍尔（Andy Warhol）的波普艺术

　　波普（POP）艺术20世纪50年代萌发于保守的英国艺术界，上世纪60年代鼎盛于具有浓烈商业气息的美国。工业化时代，人们聚集于现代都市，商贾云集，城市的广告、杂志、电视、卡通漫画等艺术宣传中不乏安迪·沃霍尔的身影。他善于以艺术家的敏锐视角捕捉流行符号，准确地从过量的超负荷的宣传文化中把握美国社会和生活中某些永久性的东西。在服装中运用纽扣、口袋等大量重复母题元素客观表达大众熟悉的形象符号，从而在形式上直接诉诸感知。这些符号承载着工业化时代的人类精神风貌、价值观念、情感理智等一切信息反馈的综合。

以沃霍尔的波普艺术为灵感的一组服装设计

三、源于电影的印象

  电影与时装看似是艺术中的两种载体，但服装使得电影增色，剧情让服装变得婉转而又灵性的例子不胜枚举。当数字时代已经成为市场的主流，胶片电影中的每一分每一秒成了缅怀的注脚。裙摆、领口将胶片微微卷起，是立体的留声，在曾经黑白的岁月里，连熠熠发光的仿钻石胸饰，也在深蓝的丝绒里融化，成为怀旧的奢华。

服装与电影（组图）

第二节　民族人文

　　民风民俗是特定社会文化区域内历代人们共同遵守的行为模式或规范。风俗的多样性，蕴藏着深厚而丰富的民族历史与服饰文化。民族文化是各民族在其历史发展过程中创造和发展起来的具有本民族特点的文化，包括物质文化和精神文化。饮食、衣着、住宅、生产等属于物质文化的内容，语言、文字、文学、科学、艺术、哲学、宗教、风俗、节日和传统等属于精神文化的内容。

　　民族文化使国家之间、地区之间和民族之间产生了特色与个性。民族与民族间不同的文化渗透现象在服装设计中时有呈现。其中具有民俗风格的服饰，以其所表露出的古朴、神秘、奇丽的特质，以及其蕴含深邃的哲理睿智，成为了现代服装设计的灵感来源之一。民族传统文化中那种至真、至善、至美的情感通过各类纹样而体现。如服装中刺绣鸳鸯戏水、喜鹊登梅、凤穿牡丹、富贵白头、并蒂莲、连理枝、蝶恋花及双鱼等民俗图案，以隐喻的形式，将相亲相爱、永结同心的纯真爱情注入到形象化的视觉语言之中，反映了朴素纯洁的民俗婚姻观，同时，赋予纹样造型以生命的律动，表现大千世界芸芸众生的勃勃生机。而如意纹、盘长等造型符号和纹样，则反映广大劳动人民对幸福美好生活的执着追求和真诚期盼，表达朴素纯真的审美情趣。另外，民俗文化中还有很多极具民俗特色的活动和民间艺术，例如节庆舞蹈、地方戏等，在进行服装设计时提取其特色元素形成图案，或采用其特有的工艺技术制作出图案再加以应用，将民俗文化的情与景，意与境，形象与色彩交融在一起，所创作来的图案无疑会产生强烈的感染力。这些图案不仅能符号化地展现出民俗风情，还能提升服装整体的趣味性。其次，通过对传统纹样和典型的服装款式的创新改造，也可打造出民族文化形式上的回归。如传统工艺手法制作的麻类面料，粗犷中带有回归味道，反映出当代人对理想的追求、对生命的敬仰，是人类生活的生动纪实。

　　千姿百态、绚丽多彩的民族服装和民俗风情不仅是传统文化内涵的补充和外在表现，也是当今服装设计领域取之不尽、用之不绝的丰厚资源。民族的就是世界的，民族服饰作为物质文化和精神文化的一种结合体，是一种符号，也是一种语言。中国五千年来深厚的民族文化滋养着当代的设计师，通过对民族的样式和传统的文化进行解构，使历史和传统文化焕发崭新活力。

一、远古傩戏

　　傩戏是中国古老稀有的剧种之一，常是以宗族为演出单位，以请神敬祖、驱邪纳福为目的，是以佩戴面具为表演特征的古老戏曲艺术形式。以傩戏元素为灵感的服装通过仿古纹样的织物和明代的服装廓形，如斜襟长袍、桌帷装饰等，配以双宫丝、人造皮草等面料，将傩戏浓浓的乡土气息转变成独具时尚特色的中国风潮。

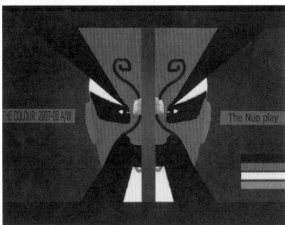

远古傩戏与服装创作（组图）

2007-2008
Fall/Winter

TaQ-011

TaQ-012

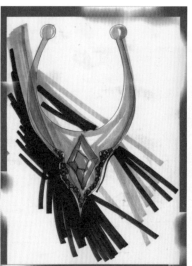

远古傩戏与服装创作（组图）

二、重回60's

上世纪60年代服装冲破传统的限制和禁忌，广告和媒体最醒目的词汇是年轻。迷你裙、长马甲和无领无袖的元素风靡一时。太空旅行和抽象派艺术带来了几何图形和以黑色与白色、白色与银色为特征的未来主义风格。新兴材料开始出现，如塑料薄膜和涂层面料。梯形风格的裙装和大衣均采用对比色镶条和突出的缝线来衬托，出现了带有大裤脚的喇叭裤。如机器人般规整的几何风味呼之欲出，以裸色为主，尤其是黑白色、金色等，在设计上体现了一种强烈的现代主义风潮。

以上世纪60年代为灵感的一组服装设计

三、民族遗产

民族服装是每个民族文化艺术化的体现，同时也秘密记录着流传的历史。民族工艺手法繁多，例如刺绣工艺在古籍中称为"女红"。刺绣多被认为是图腾崇拜及纹身的延续。钉珠装饰则将刺绣更加立体化，曾经让多少女子扼腕的三寸金莲，如今成了脚下另一类的婉约风景。扎蜡染是家传不重样的晕染，细长飘逸的白流苏是山川之巅海滨之边的幻想，十字花领袍与金银线的与人为善，都是民族性情最生动的表达。

以民族元素为灵感的一组服装设计

以民族元素为灵感的一组服装设计

第三节　城市·发展

黑格尔曾把服装称为"走动的建筑"，也有称为"贴身的建筑"。一语道出了建筑与服装之间的微妙关系。从上个世纪后半叶开始，建筑与时尚的相互跨界就已不是新鲜事。如今，这种跨界超越了狭义的概念，时尚与建筑中的美学语汇开始逐渐趋同。当服装意欲一展建筑的硬挺与凝固的美感之时，建筑也在试图表现服装的柔韧与流动表面的性能。建筑所固有的支撑结构与服装的可携带性，使两者可以互相借鉴。这种相融现象在瞬息万变的新时代服装设计潮流中并非为昙花一现的浮光掠影，而是形成一股持续着的，逐渐发展的力量。伫立在城市的公共空间和光怪陆离的建筑用表皮、结构与空间秘密地向服装传递了都会的暗号。

麻省理工学院的锡德劳卡丝在《Vogue》杂志中曾这样解释过建筑风的特征：建筑风服装大多是明快简洁的线条，鲜明的轮廓和分离而不连贯的形状，并给人一种印象，即服装本身具有的建筑性结构可以使之脱离穿着者的身体而独立。在观感上，建筑与服饰都需要借助视觉体验事物，并通过触觉来感知环境。在形态构成上，时装和建筑都富有空间感，并需要有明确的结构支撑。"扭矩袖""高架裙""带翼夹克衫"等将建筑元素的密码昭然若揭。

服装与建筑的文化杂糅，典型色彩特征是色调简洁，通常使用黑色和白色以及红色等单一色调，受到窗户结构、造型影响的现代服装款式设计讲究对比、单纯与利落，这与包豪斯风格化一脉相承。在面料上诸如镀层织物等富有建筑外观的面料作为体现建筑风的首选。随着科技的发展，各种新型面料也取得类似钢铁、混凝土、大理石和玻璃等建筑材料的质感，因此获得了设计师的亲睐。另外，对装饰的摒弃在"建筑风"时装中也得到很强烈的反映。设计师将人体作为设计的出发点，将其不断抽象化，从而赋予服装一种独立的三维结构。这种注重精巧结构的时装并不能完全脱离人体或彻底改变人体的外观。设计师的意图只是想美化人体但又不停留于模仿或映照人体，回避人体曲线的同时，增添了时装的硬质感。

建筑风时装表现的都是一种大都市情调，更多的是大都市女性争取权力和地位的新态度的反映。建筑风时装大胆而有力，与20世纪日益壮大的女权运动所追求的理想形象相契合，服装中的柔性转变成建筑结构中的刚性，女性的文弱感不复存在。

一、都市建筑

建筑与服装虽然分属于不同的设计领域，但是在造型和空间感上却有千丝万缕的联系。古老灿烂的历史文明催化出的经典建筑至今影响着服装设计的走势，无论是借形，还是借色，光与影的交汇，立面分割的空间成了钢筋水泥的坚硬色块，在服装的肌理中层层叠叠，工业化时代的印记在建筑中凸显，继而映射在光怪陆离的纤维里，缎带与钢丝的交缠，在无限的白色衬底里形成各种意识形态。城市的瑰丽与构成在身上延展。

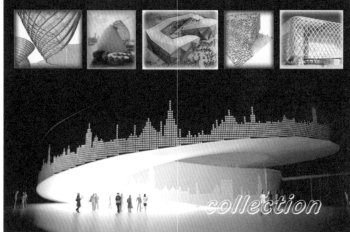

以建筑为灵感的一组服装设计

二、城市命脉

在艺术的语汇里，桥的作用大概已不仅是通途南北。如果说桥是一个城市的脉搏，那么它已然冷眼看过了城市中的各种浮华，在日升月沉中跨越了各种不同的文化属性，将城市的矛盾与渴望昭然若揭。红酒般的热情，水泥般的坚硬，细密的铆钉片片镶嵌，在钢筋铁索中找到一种平和的定位，当建筑风吹遍艺术的各个角落，立体的廓形成为诚挚的敬意。

以城市为灵感的一组服装设计

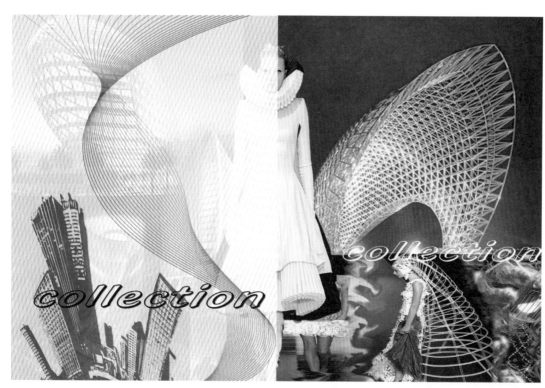

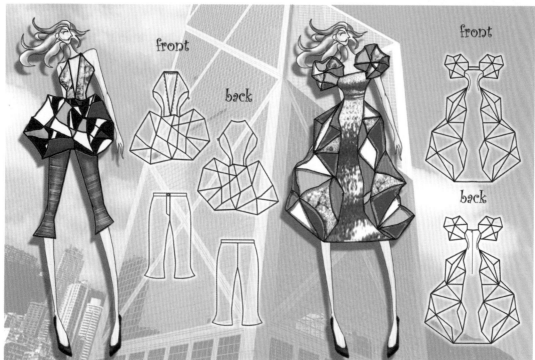

以城市为灵感的一组服装设计

三、地球土壤

　　土壤不仅是大自然存在的主体，也是人类赖以生存的必须。在城市的共同记忆中，土壤大概已不是原生态的棕色，而是混凝土的灰色，马赛克的块状和地下管道的屈曲盘旋。在服装中融入了城市化的几何形态和通过规律性的点、线、面，将解构主义的自由与后现代中反传统、反教条的情绪挥洒在肩部、胸部、腹部的各个角落，点燃无序的乐趣。

以土壤为灵感的一组服装设计

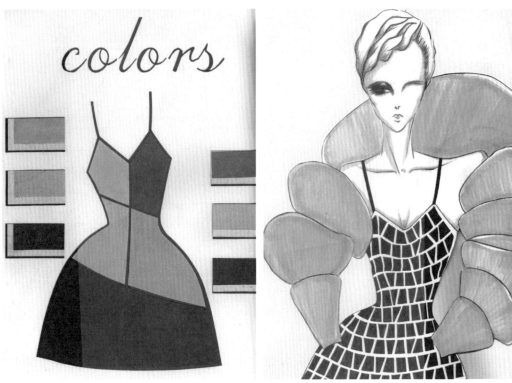

以土壤为灵感的一组服装设计

第四节　生命·人类

　　大自然是人类创作活动中取之不尽、用之不竭的灵感源泉。花草树木、各类动物、珊瑚贝壳、岩石砂砾等，都是时装设计师笔下指间永不枯竭的灵感动能。大自然美丽的色彩是设计师色彩借鉴的绝佳来源。通过自然纤维织物的棉、麻等，从贝壳、海岸、石头、树皮、天空中寻找灵感的源泉。野生花卉和芳草色彩产生的灵感，使织物染上一处大自然色调。热带丛林色和东方色的混合色；沙漠，草原，海洋湖泊色；贝壳，沙土，大理石，泉水，漂流木头，雷电闪光等将是自然界中最精妙和谐的色彩。动物皮毛的图案纹理同样是服装设计师经久不衰的主题，如仿豹皮纹、仿蛇皮纹、仿斑马纹等表现着前卫与回归自然的双重渴望。

　　自然的设计风格需要设计师在设计作品时尽量将设计手法简练化，设计元素单纯化。而设计形式的简化，并不意味着简单地去模仿自然，类比自然，而是从自然界中提炼出自然的本质精华，使人们在服装简洁的外表下感触到丰富的精神内涵。这种深邃的历史文化和对自然天然的亲切感，也反映了对现代工业文明的反思。近年来时装界的流行风潮刮起了"生态风"，表现在服装设计中即形成了以"返璞归真""回归自然""环保休闲"等生态学的设计思潮。这类服装从形式上唤起人们对于自然美感的审美要求，同时还满足人们追求回归自然、天人合一的心理诉求。

　　自然生态的主题一直以各种形态在古老的服饰文明中存在，表明了人类对自然生活的渴望、对无拘无束生活的向往，通过对自然清晰的认识与创造、对科技客观的评价与把握、对精神空间的深层探寻、对古老文明的继承和发扬都激励着当代设计师对生活现状不断地反思。对自然的追求与探索，在社会发展的任何时期都会为人类的艺术设计活动注入新的活力，激发人类创作出符合人们艺术审美需求，并从中获得健康身心理念的优秀服装作品。

一、宇宙生命

　　自上世纪60年代美苏不断加剧的空间竞赛，阿波罗登月计划使得十年间人类对太空探索的狂热不断升温，空间技术突飞猛进的发展。服装成为了社会变革的缩影，出于对太空探索的好奇和对外星世界的想象，闪光面料、几何廓型、紧身线条成了未来时尚的标志，超短裙、束腰宽松外衣、头盔式帽子以及紧腿靴也变得不可或缺。未来主义时装极具流线型的时髦剪裁，将人类的幻想展现得淋漓尽致。

宇宙生命与服装（组图）

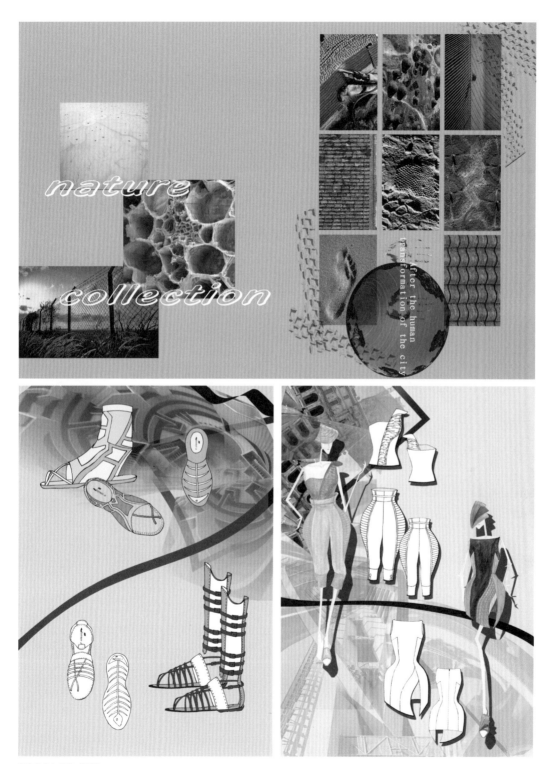

宇宙生命与服装（组图）

二、内心世界

当新纪元开启时，时装的廓形和流行元素变得更加不拘一格。茧形服装、冰裂纹、绳结装饰展现了当代设计师对世界的看法。茧形服装因如蚕茧的轮廓而得名。在茧形的"掩护"下，顿时有了些许灵动的空气感。茧形廓形应尽量减少配饰的比重，以免喧宾夺主。然而作茧自缚使这种廓型具有膨胀感，行动上思想上难免受压抑。冰裂纹与绳结是另类的束缚，分解的块状结构和盘旋缠绕的绳索，是思想的疏离和意识的交错。

"内心的挣扎"系列服装组图

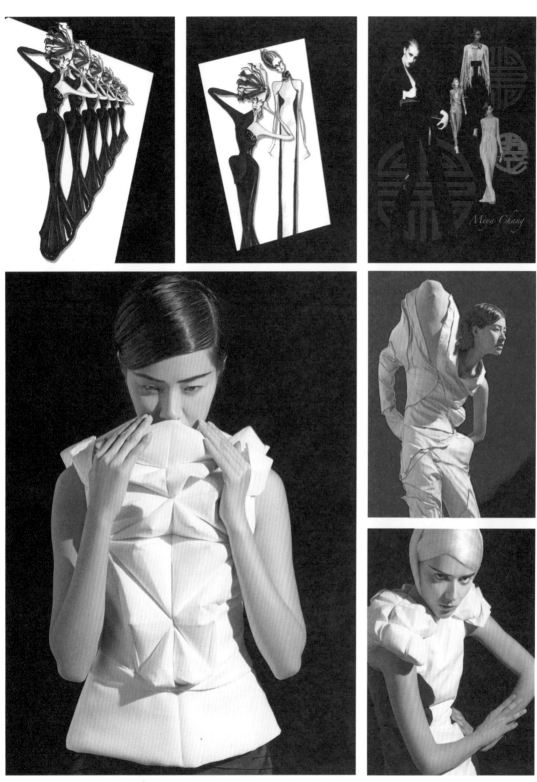

"内心的挣扎"系列服装组图

三、生命植被

服装的仿生设计通过色彩、款式、材料、纹理等方式来模仿自然生物体，以自然界生物的发展和生态现象的某一特质进行设计创造，展现着生态自然原初的审美和文化。精细的叶脉、甲虫的结构、鸟类的尾羽无不巧妙地通过服装的语言记录下来，面对自然界超脱恬静和繁花似锦的双面诱惑，以及无拘无束的生活情态，浪漫风情的在再现和细腻的模仿，是对自然生命真挚的诠释。

"生命的灵感"效果图与成品组图

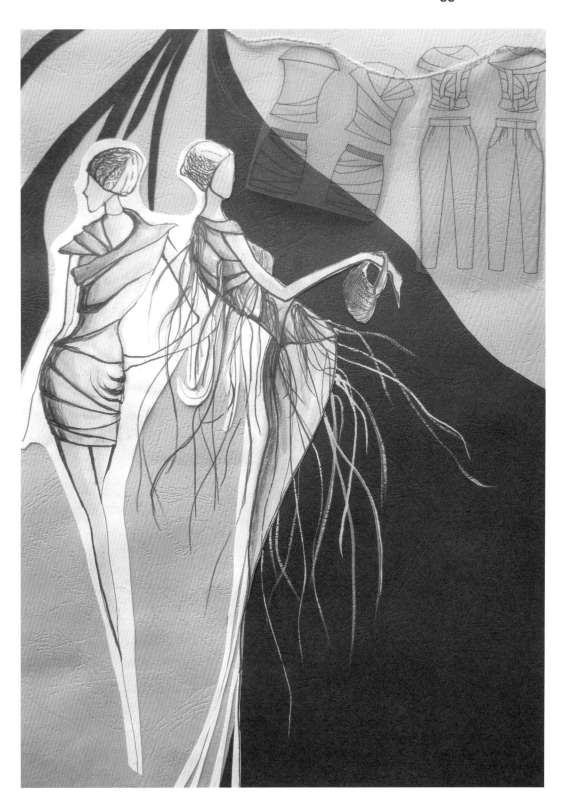

　　服装设计从灵感构思到系列时装效果图，都体现着作为内在思维活动的灵感的实现过程。由于设计师的审美、绘画表达各不相同，因此在设计的风格、手法、水平也各具特色。但面对每一次的设计都积极地发散性地思考，则灵感也会随着设计的成熟而日益增加。作为一名优秀的服装设计师，在掌握专业知识的基础上，要善于观察生活，随手记录下的生活片段和美好的点滴，这都会成为灵感来源中不再枯竭的智库，通过反复不断的练习实践，使设计日臻完善，创意思维不再受到局限。

"生命的灵感" 效果图与成品组图

EXPRESSION
OF FASHION DESIGN

时装设计表现手法

2

第一章

时装设计稿

第一节　时装设计稿的定义

课时安排：8课时

　　时装设计稿是时装绘画的一种艺术表现形式，是设计师将服装设计灵感以绘画形式表达出来的一种技法，是展示人体着装后的效果、气氛，展现服装的形态结构、款式细节及风格，并具有较强的艺术性、工艺技术性的一种特殊形式的画种。时装设计稿的绘制是一门艺术，它是时装设计的专业基础之一，是衔接设计师与工艺师、消费者的桥梁。时装设计稿在表现对象内容上与其它绘画种类不同，它除了要求绘画者或设计师具备一定的人体结构、比例、姿态等知识及掌握速写等绘画表现技能外，还必须掌握与服装设计有关的知识，比如：服装款式设计、服装结构设计、服装工艺设计、面料质感性能、服饰配件、流行趋势、流行文化等，以合理、贴切、简约、时效、有趣的形式详尽充分地表现在画面上。由于使用绘画工具不同，因此表现形式、绘制风格等均各有特色。

　　时装设计稿也含有时装设计"手稿"的意思。"手稿"的原意是：由作者用手写或打字等方式制作的原稿，其经过修改之后可成为成熟的作品。在服装设计专业中"手稿"的解释应该特指设计师本人创作的时装绘画原作，包括细节图、工艺图、提示性的说明，可粘贴图片、布料、辅料等，以"手稿"的形式去表达设计师个人独特的设计灵感、设计方案。"手稿"也有"一手资料"的含义。"一手资料"是指设计师第一手收集和记录下来的各种发现，方便于直接提取设计元素，例如：来源于少数民族的绣花图案的素描稿。"一手资料"通常以绘画或拍照等的方式被记录下来，表达个人对事物强烈的感官联想及感受，并融入最终的设计方案中。区别于"一手资料"，"二手资料"主要来源于书籍、网络、报纸杂志等，促使个人去观察、阅读、理解信息资料。在调研工作中，"一手资料"要求个人要具备一定的绘画基础，而"二手资料"更多强调个人的调研技巧，两者只有达到平衡兼顾，才能更好地推进设计探索工作。

写实性服装设计稿

涂鸦式服装设计稿

服装结构描述细致的服装设计稿

夸张人体比例的设计稿

第二节　时装设计稿的应用范围

作为一种时装设计灵感的个性化艺术表达形式，时装设计稿应用范围十分广泛。

一、为服装设计过程提供创作基础

服装设计过程就是调查与研究的过程，即通过包括阅览、游历、检索等途径，把设计师个人的感受、对流行的理解、对服装局部的诠释、对图案或材料的运用等瞬时灵感记录在手稿图册中，这个过程，也是设计师在头脑中对所有信息进行筛选、加工整理的过程，这些信息经过不断推演、变化，逐步演变成成熟的设计作品。透过手稿记录，能帮助设计师把那些短时记忆转移到长时记忆中去，为凝练设计主题、选择设计素材、开展设计工作提供依据，成为基调、氛围版或者故事版，这样的设计手册可以成为向设计师的导师、雇主、雇员或者造型师传达设计理念的载体。

二、为服装流行趋势的推广提供指导

流行趋势影响着消费者的好恶与取舍，同时消费理念也影响着流行。因此，对流行趋势的准确预测将直接影响到服装企业的根本利益。面对国际化流行趋势的浪潮，服装企业必须将国际的流行趋势和自己企业的品牌特点相结合，找出适合本土品牌销售的流行趋势，并应用到新产品的开发和生产当中去。服装流行趋势的信息发布有多种渠道，如专业书籍、刊物、研究文章、电脑网络等，但是如何从一大堆流行信息中进行有效筛选、整理、归纳，根据不同行业、部门的需要进行有针对性的应用，这对大多数服装专业人士来说却成了一个困扰的问题。流行时装设计稿的进入，将抽象的分散的流行趋势与具体的服装设计元素进行充分结合，为大家提供了系统的、直观的对流行趋势的参照与应用，并越来越多地受到服装企业及设计师的欢迎。由于服装流行趋势设计手稿是由专业研究机构推出，价格较昂贵，范围也仅局限于服装行业内部，因此其应用领域较窄。

三、作为参加国内外各级服装设计大赛的稿件

国内外的各级服装设计大赛一般是通过征集服装系列设计稿的形式开展的，其要求参赛设计师基于一个主题下，遵循具体的参赛要求，比如：画稿要求统一的规格尺寸，有系列名称、设计说明、正背面款式

灵感资料搜集与设计手稿

针织服装趋势画稿

图、面料小样等，绘制四套以上系列设计稿，绘制手段、表现形式不限。系列设计通常是由廓型、色彩和面料构建而成，通过展示一组服装的配套穿着方案或样式，其具有统一风格的特征，且灵感可以来自于一种流行趋势、一个主题或反映文化及社会影响的设计导向。

因此，服装设计参赛稿件通常具备较强的个人设计意识和审美情趣。优秀的系列设计画稿更多的是把服装作为载体、绘画艺术作为手段去讲述一个动人的故事，去打动评审专家及主办单位。

四、作为服装品牌企业开展设计工作的依据

在服装品牌企业开展设计工作过程中，所有的设计师都经历了相同的阶段，其起点和过程总是相同的：调研、设计、拓展、修改和展示。

任何成功的或者经济可行的系列设计方案的确立，都需要通过大量的、细致的调查以及对竞争对手进行分析，清醒认知制造商、零售商对于客户的需求及自己在竞争激烈的市场中的地位，设计师可以根据他们的时尚眼光去定位具体的市场领域和消费者。时装设计稿可以表达时尚的创造性构想和过程，以绘画形式展示某种时尚的视角，或纯粹的时装设计方法。当设计师与设计团队就系列设计进行合作时，首先必须对创新设计就外观整体风貌或者主题加以阐述，其载体可以是灵感或者基调版面的图片信息和手绘效果图的形式展示，也可以是其它采集来的服装、面料和配饰等。在这一协调企业服装品牌创新设计过程中，时装设计稿起到了"视觉化"表达的形象直观的作用。

某男装赛事学生参赛设计稿

五、作为服装类书籍的插图

书籍插图不同于纯粹的绘画，它扮演的一个重要的身份是对图书文字内容作清晰的视觉说明，用来增强文字的感染力和书籍版式的生动性，扩大读者的想象空间，是一种"有意味的图画"。插图这种"视觉形象"是对文字语言理解的有益补充，赋予了书籍内容传达的视觉节奏，强化了读者的文字思维意象，是对其视觉和阅读的诱导，最终带给读者以愉悦的阅读体验。

作为服装类书籍的插图，其时尚视觉语言和表现手段随着时代的发展和中外文化交流的不断深入，其发展可谓是形式多元、风格各异，各种新元素的植入使得时装插图变得多样化与个性化。但无论如何，时装插图都以它直观、具体的视觉形式和图像的心理刺激作用进入读者的心灵而不可替代，在时尚界具有广泛的生存空间。时装插图从绘画中来，不论是手绘还是数码制作，都要遵循插图自身的视觉审美规律，保持原有的艺术特质，运用绘画中的点、线、面、透视、明暗等艺术元素，营造出有意味的画面。作为时尚书籍中的插图，不仅仅被看做是一种纯粹的视觉形式和信息传播载体，更要对时装类书籍设计的整体效果和文字内涵进行深刻理解。用于设计效果的纯艺术插图和表达文字内涵的说明性插图，都要充分表现创作者的审美情感和文学体验。

时尚插画

第三节　时装设计稿、时装插画与服装工艺图

时装设计稿、时装插画与服装工艺图这三者之间最本质的区别在于：在时装设计过程中属于不同阶段，使用的目的与作用各不相同。

一、时装设计稿属于创作范畴

时装设计稿是记录时装设计灵感并完成设计方案的图册，是时装设计师的必备之物，它常常与照相机一起构成激发设计师本人灵感的源泉及丰富的资料库，随时为设计师开启深入探究时尚奥秘的大门。在任何时候坚持使用时装设计稿有很重要的意义，它是一扇让他人了解设计师的原创思想和思路线索的窗户。

在很多服装院校，在主题设计伊始或在专业课程的某几个阶段，导师都会通过审视学生的设计稿，了解学生的设计思路，预估其创作的成果并作出评价。作为设计手稿的载体可以是大小不同、质地不同的笔记本、素描簿：小到可以随身携带，用以随时记录在商店、游览、阅览等过程中看到的有趣的，并可能激发创作灵感的设计细节；大到可以拼贴图片、布料，用素描、线描、彩绘写生等绘画手段表达更为复杂的设计构思。

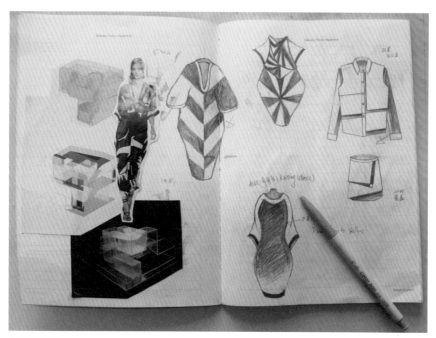

学生设计草图

二、时装设计稿（效果图）与时装插画

明确时装设计稿（效果图）与时装插画的关系是极其重要的。时装插画的表现重点并不完全在于设计，而在于捕捉着装的神韵。时装插画主要展现一种个性风格或特定的情绪氛围，如设定服装可能穿着的场景，并通过人模姿态、造型、发型、化妆、配饰等来表现着装风貌，它的绘制可以很夸张，也可以很内敛或突出画面的装饰效果与故事性。时装插图是借助艺术家的眼睛及手法来捕捉瞬间的灵感，其可以选择单纯的艺术形式进行表现，如使用铅笔、钢笔、油画笔、蜡笔、圆珠笔、喷枪、马克笔、水溶性彩色铅笔、水彩、水粉、丙烯等多种绘画工具、多种素材混合使用的方式来表现，或者使用计算机软件等较为复杂的组合艺术加工处理，来诠释面料的不同质感与氛围。时装插画的绘制与艺术家的想象力一样不受限制，其创作更具自由度与艺术性。时装插画不需要完成成衣的制作，允许有不合理的因素存在（比如服装结构、工艺细节等），除非它作为设计图册的一部分，当然此时必须补充绘制工艺图加以约束。时装插画的用途较为广泛，如用于市场营销、广告或包装等，它可以以其艺术化的表达方式作为企业识别的一种拓展。

体现整体美感，忽略服装结构细节的时装插画

与时装插画不同，尽管时装效果图也可以捕捉服装的神韵，但是它更多时候是用来传达设计师的设计理念。设计方案手稿（效果图）是一种人物着装的速写，可以将个人的设计想法快速表现出来，它并不需要设计师具备天马行空的想象力及扎实的绘画功底，其着重强调的是比例关系，如人模比例、着装比例等。因此，效果图人模绘制通常采用八头半身等不太夸张的比例。假如在效果图绘画中人物比例太夸张导致失调，往往会造成设计作品成衣比例难以把控，以致影响样衣制作。学院派设计师或初学者最突出的问题就在于：在效果图绘画中很难把握设计

体现服装廓形结构及工艺细节的效果图

个性化效果图

款式在真实人体着装的比例关系，包括服装的主要部位尺寸数据，其结果是样衣制作完成后与效果图中表达的设计理念差异太大。由于时装效果图的绘制是为展示设计师的设计理念，并作为成衣制作、制版的主要设计方案，因此在其绘制过程中必须尽可能体现服装廓形结构及工艺细节，如服装部件轮廓、分割线、开刀线、装饰线等。

时装设计稿（效果图）与时装插画都不需要用完全写实的方式去演绎人体着装效果，学校设计教学中更多强调的是绘制个性人模，要求学生画出独特个性的人模造型，体现设计师个人对设计效果的理解力，甚至诸如卡通造型的人模。通过此类练习，设计师的效果图最终会显现出个人风格特征，就如自己的签名一样充满个性。

三、服装工艺图

工艺图也称为平面效果图、正背视图、详述图或平面图，它是指服装平面的款式效果图，就如服装被平面放置在桌子上一般，用线描的方式绘制。绘制平面效果图的线条着重表现的是服装结构和细节，大多数情况下采用黑色线条描绘：可用笔尖直径为0.8mm的黑笔绘制外轮廓线、省道线及细节变化；而0.3mm直径的笔可以用来绘制止口线、分割线、纽扣、缝合线等细节。表现明缉线（明止口线）有两种表现方法：一种是连续的细线，另一种是虚线。在绘制时必须保持虚线的干净、有规则、密度均匀，否则会产生大针脚、手工缝制或粗糙的印象。绘制平面效果图没有绝对的规则，只要能将服装的细节、比例准确地表达清楚就可以了。

在服装企业里，工艺图的绘制既可由设计师完成，也可以直接交给制版师，由他们根据设计来绘制纸样。两者各有优缺点：由于设计师具备一定的美术功底，因此他们绘制的工艺图可以更加明确地表达自己的设计意图，避免制版师在理解方面的模棱两可，表现手法也可以更加灵

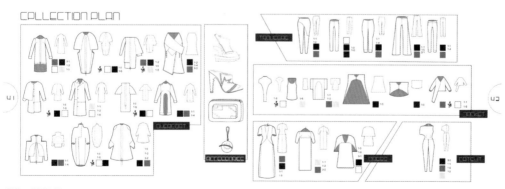

服装工艺图汇总

活生动，如添加阴影、面料效果、褶皱等，使得平面的工艺图展现出立体的、直观的、艺术化的效果；相对而言，制版师绘制的工艺图更加侧重于款式图的平面比例（包括长短比例、开刀线位置、缝合线位置、省道位置等）、尺寸数据、缝纫工艺、工艺加工细节等，他们绘制的工艺图虽然不一定美观，但都能展现工艺、结构上的合理性及可操作性。

第四节　时装设计稿的表现手法

时装设计稿的表现手法有以下几种：

一、剪接拼贴的草稿（氛围版）

英语＂拼贴＂（Collage）一词是由法语＂胶水＂（Glue）派生而来的。一幅好的拼贴画是将每一个独立的设计元素（图像）集合在同一层面上，形成一个既相互关联又彼此独立的有机整体。成功的拼贴作品往往是通过手工制作，将不同尺寸、不同来源的图片，整合成极具视觉冲击的艺术作品，这样的作品能反映出思维的发展轨迹及设计师对设计主题的表达方式，只有当这些内容得以提炼，或者以一定的技巧经加工后，独特的个性化语言才能显现出来。

二、描绘与并置

描绘是用手绘的方式重构上述拼贴草稿中的图片（氛围版）中的部分或全部，有助于设计师解构一个设计对象，汲取图片中有用的设计元素，如建筑物中的装饰细节。这种描绘的手段可以在服装设计或制版时，掌控设计元素局部与服装整体的关系。

并置是将图片、布料、辅料（蕾丝花边、纽扣、缝合线等）放置在一起，帮助设计师完成设计构思的一种手段。它与描绘手法一并构成了对设计灵感的演绎与诠释，推进设计思维，并以此形成个性鲜明的、合乎逻辑的设计处理方案，成为完整设计过程的组成部分。

三、基调、主题和故事版

从某种意义上讲，基调、主题和故事版是时装设计手稿的重心，也是调研手册的演绎，是把拼贴、描绘及并置等手法集中起来，传达设计主题、款式风格、色彩倾向、面料特征等设计理念，用以引领与规范每一季或某个主题的时装系列设计方向。

The Study of Proporation and Silhouette

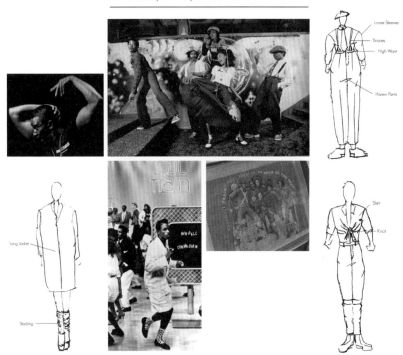

学生拼贴灵感图与设计草稿

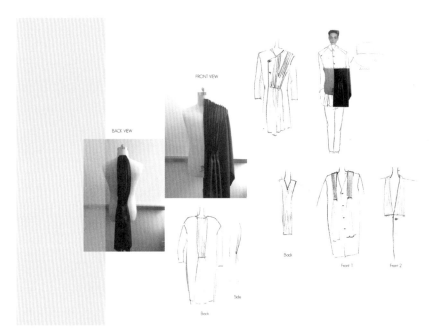

灵感提炼过程中设计草稿

四、设计方案画稿(效果图)

　　设计的过程是"否定之否定"的过程，经过自我怀疑与焦躁不安的历练，努力分析脑海中每一种设计方案的可能性，并用手绘的方式落于纸上，不断加以调整，最终设计师将得到更好的设计方案（效果图）。这一艰辛的创作过程也许就是得以把创意加以延伸的潜在成功之路。设计方案（效果图）的绘制，需要设计师拥有良好的绘画功底，也是优秀设计师的必备条件。不断重复与练习是掌握与提高绘画技巧的关键，特别是关于人体比例、人物动态、着装细节、面料表达等方面。

　　总之，一幅优秀的、完整的时装设计稿（效果图）是集调研、拼贴、手绘、并置于一身的，有基调、有主题、有故事内容，充满时尚趣味又极富感染力的个性艺术作品。

风格各异的服装设计效果图

LOOK14

LOOK15

front   back

front   back

part of neck on clothes are used fabrics transform, mostly the idea of outline made to simple and next to the skin.

the fabric transform on arm to an indispensable part of design at this time, it brings some different feeling on simple design clothes, also this show my main idea of design— shell.

27

28

LooK 15~16

this two clothes are different with others clothes, in this clothes have green alphabet,whichmeans hopefull.

front   back

front   back

第二章

时装设计稿形成的过程

第一节 灵感资料搜集与整理

课时安排：8课时

　　一幅真正的时装设计手稿并非凭空得来，往往是设计师经过一段漫长时间的灵感搜集与筛选后，最终落于纸间的设计理念与想法，这过程中还要考虑工艺结构、颜色搭配、面料材质等一系列的因素。

　　在资讯大爆炸的时代，灵感的采集已经变得非常的多元与便捷，但并非人人都知道如何实现一次完整且有效的灵感搜集，并最终使其服务于服装设计，本章节将以此为切入点，告诉大家去哪里搜寻灵感，如何采集灵感资料，怎么样进行分类整理，以何种形式呈现，并且最终如何使其落地为服装设计稿。

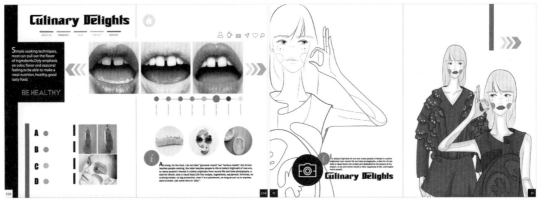

灵感来源于美食的服装设计稿

一、灵感来源

设计的灵感来源往往是多样的：它可以是某一具体事物，也可以从人文视角出发；它可以是某一时刻的顿悟，也可以是一些特定的主题；它可以是某位大师的经典设计，也可以是未来的流行趋势……作为灵感来源，它无处不在，只有你想不到，没有你无法应用。

1. 从某一具体事物出发的灵感来源

设计师可以将日常生活中看到的某一事物作为灵感来源，并将其作为主要方向来进行后续的资料搜集，通过深入挖掘，开发出一个完整的服装系列。这对于设计师来说同样也是最常见的一种灵感的采集。

举例来说，热带雨林是一度时尚圈大热的灵感来源，设计师们从中汲取灵感，并将其最终转化为服装廓型、印花、装饰等等。这是非常聪明的灵感应用，真正成熟的设计师们不屑于原样拷贝，而是会加入自己的理解、认识与设计，使得经过演义的灵感来源有其神而非其形，这是设计新手需要学习，也是以某一具体事物为灵感来源要素需要避免的一大重要问题。

从某一具体事务出发的灵感来源采集有时候也会进入到一个"死胡同"或者是"迷宫"，这时候设计师就需要具备决判的能力，考虑这一灵感来源是否可行，或者跳脱思维的局限，从全新的角度来思考问题。这对于设计师来说绝对不是坏事，往往经过这样的困难后，其设计会更具原创性与设计师个人的风格烙印，同时也更经得起推敲。

下图中，设计师从折纸工艺中汲取灵感，并展开发散思维，将这一传统工艺与面料再造结合在一起，创造出新的面料肌理效果，并将其运用到服装设计之中，使得整个系列元素统一，又不失细节处理。

以折纸工艺为灵感的服装设计稿

2. 从某一颜色出发的灵感来源

色彩是服装设计中非常重要的一个元素，配色的好坏往往会影响一件作品的最终成效。年轻设计师们不妨可以在日常生活中搜集一些经典的配色方案与各色系中的用色惯例，这不仅可以帮助提高色彩搭配的敏感度，同时也能够让年轻的设计师打破只会用黑白灰与单色面料的可怕"魔咒"。

这里所说的经典配色方案不仅仅是指一些权威机构所公布的配色方案，更可以是自然界中的大色盘或者是某一艺术家的作品，这样的跨界合作更容易碰撞出激情的火花。例如1965年，时尚大师伊夫圣罗兰推出了流芳百世的蒙德里安女士短裙系列，灵感来自荷兰风格派代表画家蒙德里安(Piet Mondrian, 1872—1944)的作品《构图》，该服装系列用色沿袭了其绘画风格，采用红、黄、蓝、白四色方格，结合简洁的裁剪，大方的款式，一经推出轰动不已。简单的色块与完美的分割比例让蒙德里安的画作成为经典，经由伊夫圣罗兰的再演绎，蒙德里安抽象的艺术图腾又成为一种时尚的流行元素，黑线加红黄蓝白组成的四色方格纹自此成为潮流界经典，之后几十年间，潮流轮番向四色格致敬。

除了这种在经典中搜寻灵感外，作为设计初学者也可以从同色系色彩中搜寻灵感。如下图的两页灵感搜集页，都是在某一渐变色中进行的灵感搜集。一般来说，在同一色系中的颜色搭配是最保险同时也是最简单的应用，作为设计新手，可以以此为出发点进行一系列色系的灵感元素图片搜集，同时关注每年发布的流行色信息，不断锻炼自己对于色彩的敏锐度。

伊夫圣罗兰蒙德里安女士短裙

着眼于蓝色系的灵感来源搜集

3. 从某一服装物料出发的灵感来源

一块布、一团纱线、一处绣花、一棵铆钉都可以是灵感的来源。设计师需要养成在日产生活中搜集服装面辅料的习惯，并在搜集下来的同时，记录下获得地，便于以后需要时使用。同时，需要思考如何将其运用到自己的设计之中，并记录在案。这是设计的逆向思维，可以帮助设计师更适应市场的运作，毕竟符合心意的物料并非随伺在边，设计师往往需要"看菜吃饭"。

对于设计师而言，在有限的条件下，搜寻最为恰当的面辅料来实现一件作品是必备的能力。而以某一具体的服装物料为灵感来源进行设计，无疑可以提高服装作品的实现度，还原最初的设计。

着眼于粉红色系的灵感来源与设计

"原始部落"灵感元素下服装面料的搜集

4. 从某一主题出发的灵感来源

主题的确定有着很大的自主性，它可以是虚无缥缈的概念，也可以落地于风土人情。也许在一个适合"静思"的场合，或是在旅途中，又或是某一刻在未知场地的顿悟，都有可能产生新的灵感主题，抓住它，并通过相关图片的搜集，使其具象化。

而以下图"电子自然"这一主题系列设计为例，设计师受科技电影的影响，衍生出这一主题，由此进行了系列与主题相关的灵感搜集，包括具有线条美感的自然界生物、未来感的金属光泽服装等，并将其融合在一起，最终实现了系列设计。

"电子自然"主题系列设计

5. 从某一设计师出发的灵感来源

时装设计大师的作品与各大品牌秀场的最新发布无疑是主要灵感来源，向经典致敬、掌握最新的时尚动态是设计师们经常在做的工作，一些款式的搜集往往可以让设计师碰撞出新的创意火花。值得注意的是，设计师需要学会如何进行深入挖掘与创新设计，而并非一味的"借鉴抄袭"。

例如Christian Dior先生1947年创造的"NEW LOOK（新风貌）"时装款式在2009年的DIOR秀场上再次被发扬光大。John Galliano保留了"NEW LOOK"典型的纤细高腰与过膝大裙摆，融入其招牌荷叶边褶皱和创新裙箍，将裙内风光展露无遗，更令四五十年代的迪奥式浪漫被放大到极致。

二、灵感搜集工具

"工欲善其事，必先利其器。"在灵感搜集的同时，也需要一些合适的工具进行辅助，它们需要随时可取得，而且可随时方便地打开使用。有人认为所谓灵感搜集的工具无非就是在电脑中将图片保存下来，但这并不保险，当你出门在外的时候，还是需要一些更便捷的工具来帮助你进行记录：

1. 传统工具

一支笔、一本本子同样是不可多得的记录工具。设计师可以在本子上贴上在杂志上看到的某些图片，或者是从面料市场获得的面料小样与商家名片，或者是灵光乍现出在脑海中的服装款式，这些资讯全部可以汇集在一本本子中。成为设计师"最好的朋友"。

1947年"NEW LOOK款式与2009年DIOR发布会作品

英国圣马丁学生手绘稿

针对服装设计师这一群体的需求，现在市场上也出现了专门为其量身打造的专用笔记本——Fashionary。在该笔记本中，不仅记录了详细的人体数据与各国服装码数，更有续点裸身人模，为初学者或者在灵感搜寻阶段不高兴画个性人模效果图的设计师提供了更为便捷的应用。当然，如果为了节约成本或者体现个性化，初学者们也可以先搜寻到符合自身风格的基础人模，并通过影印或印刷的方式，制作一本属于自己的Fashionary笔记本。

2. 现代化工具

手机、ipad、平板电脑、数码相机、录音笔都可以帮助设计师随时记录日常生活中的点滴灵感。这些灵感既可以是一些图片，也可以是一些对于设计的随想录音，甚至是一小段录像。由于现代科技产品的普及，在记录的同时，也需要定期进行一次系统的归纳与整理，将其整合在一起，以便于今后的使用。

3. 传统工具与现代工具的"混搭"

作为灵感搜寻过程中的辅助工具，不管是传统的或者是现代的器具都各有其优劣与便捷，对于设计师来说，应该根据自身的喜好与实际需求将以上工具进行"混搭"，真正做到在第一时间记录下激发灵感火花的元素或事物，并将由此衍生的设计思路记录下来。通过日积月累的积攒，设计师的思路将越来越宽阔，也将积累下越来越多的"宝藏"。

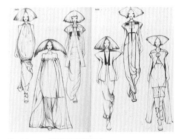

Fashionary时装设计笔记本

Fashionary时装设计笔记本

三、灵感搜集过程中的自我提升

1. 重视专业资料的收集

专业资料的收集积累在服装设计的学习过程中是十分必要和基础的。这是一项长期不能间断的持久工作。有许多初学者在做设计时，常常会为不能获得创意而感到很苦闷，这是一种正常现象。因为人的思维能力增强是通过不断的学习和实践获得的，人脑对某类信息接受和储存得越多，相关的思维能力也就越强。因此，初学者要想改变这种状况，首先必须要认真做好专业类资料的收集和积累。

所谓专业类资料涵盖了流行趋势、配色方案、经典款式、品牌信息、工艺制作、面料辅料等等，只要与服装设计相关的，都可以进入到专业资料的收集范畴。

2. 拓展资料收集面

在学习过程中，光积累本专业的信息资料是远远不够的。当代服装设计越来越热衷于"跨界"，艺术、文学、哲学等都被引为取之不尽的灵感源泉，只有摆脱了既有的局限，设计师才能从更高远的角度来看待自己的作品，也更容易获得创新与超越。

不仅如此，从既有的服装中再生服装的设计方法，尽管很实用，也为设计师们省去了许多"歪路"，但却很难摆脱他人的影响，最后落得"抄袭"的地步。

因此，我们需要更广泛地获取专业以外的各种信息，比如最新的科技发展、多源的文化表现、前卫的创作思潮、多样的艺术门类等，以此来拓宽知识面，增长见闻，博采众长，从中获得更多的启迪，进而产生更好的原创设计想法。

3. 第一时间记录下灵感碎片

不要以为灵感会永远记录在脑海之中，它往往是某一瞬间的闪现，有时甚至是某一不完整的碎片，说来就来说走就走。因此，当脑海中有灵感出现的时候，务必第一时间将其记录下来，否则很有可能我们只记得曾经有这样或者那样的灵感闪现，但要追根溯源的时候，却已经忘得一干二净。

对于服装设计专业的学生而言，需要养成好的习惯，第一时间记录下来脑海中闪现的灵感，或者引发灵感的图片资料，留待之后的深入挖掘与发展，说不定新的设计系列就出于此。

4. 敏感观察生活

设计创作的最初灵感和线索往往来自于生活中的方方面面，有些事物看似平凡或者微不足道，但其中也许就蕴含着许多闪光之处，如果设计师对此熟视无睹，不能发现它们的存在，就不能及时地去捕捉它们和利用它们，那么，许多有用的设计素材就会失之交臂。因此，在开始灵感搜集之初，就要注重培养自己对事物的敏感性，也就是说敏感观察生活中的方方面面，这一点是十分重要的。所谓的敏感，是指人的心理或生理上对外界事物的快速反应。设计师能从外界任何的景观或者事物中，对其具有的形象特征、色彩情感、质地美感等做出快速反应，通过心理活动产生丰富的联想，就能激发出设计灵感，从而获得创作上的突破。这种能力的具备是成就一名出色的设计师的重要素质之一。 正如知名服装设计大师们都喜欢在新系列创作伊始，到处"闲晃"，在日常生活中或者旅途中或者另一国度中去挖掘灵感。

5. 学会归纳整理灵感

需要重点指出的是，灵感记录下来并不意味着能够直接使用，这其中还需要花费更多的时间去归纳整理。所谓"外行看热闹，内行看门道"，也许在外行人看来足够丰富的灵感手册，如果未经提炼，对于内行人来说就是一团混乱的资讯，未能真正服务于设计，只有经过设计师个人的整理后，才能转化成夺目的设计。

因此，要想从灵感资料中看出"门道"，必须学会如何"去芜存精"，用科学的方法对其进行归纳整理——将某些暗存联系的灵感归纳到一起，从一个更为全面的角度去审视灵感元素的应用；注意最新信息的捕捉，并将其与关联的老信息进行对照分析；将各类专业信息铭记于心，争取做到娴熟使用。

针对非专业信息，结合个人设计理念进行梳理、提炼、转化和升华。这些都是学习和工作能力的体现，拥有这种能力不仅让你在学习服装设计的阶段得到事半功倍效果，而且在你今后漫长的职业生涯中也会受益无穷。

6. 在模仿中提高专业水平

模仿行为是高级生命共有的本性特征。美国心理学家称：作为人行为模式之一，模仿是学习的结果。在学习过程中使用模仿手段，从行为本身来看，应该算是一种抄袭，是创造的反义词，它不能表现出自己的技术或能力有多好，但是，应该看到，许多成功的发明或创造都是从模仿开始的，模仿应该视为一种很好的学习方法。

对于服装设计的初学者来讲，不能期待一夜就能妙笔成花，应该老老实实地从模仿他人的设计开始，这就如同学习书法需要临摹一样，都要把模仿作为学习的入门起点。因此，对初学者提出的建议是：要尽快找到你喜欢的品牌或设计师，并从现在就开始有意识地搜集其设计，并在稍后的阶段模仿其设计技巧和风格，以此来培养感觉和练习技巧。需要提醒的是，任何一种好的学习模式都需要有正确的方法，如果你对别人作品的模仿是一成不变的，那就误解了灵感收集的目的，要学会举一反三，才是模仿学习的意义所在。 也就是说，年轻的设计专业的学生，需要模仿的是大师们成熟的设计风格与一些比较经典的设计，但这并不意味着"抄袭"。"抄袭"是服装领域的一大"忌讳"。知名如ZARA这类快时尚品牌，都不会承认自己的"抄袭"行为，而是综合各大牌的秀场最新款式，进行新的衍生设计。

Wilson Mizner（1876—1933）说过：如果你从一个作者处进行借鉴，这就是剽窃，如果你从众多作者处进行借鉴，这就是调研（If you steal from one author, it's plagiarism；If you steal from many，it's research）。因此这个学习阶段，同学们需要不断地"喜新厌旧"，不断地参考各个大师的作品，不断地锻炼自身技能，不断挖掘独属的设计风格，最终你能发现自已的长处，并且形成自已的设计风格。

7. 不断提高审美能力

审美能力，也称"审美鉴赏力"，是指人们认识与评价美、美的事物与各种审美特征的能力。也就是说，人们在对自然界和社会生活的各种事物和现象作出审美分析和评价时所必须具备的感受力、判断力、想象力和创造力。作为设计师，培养和提高审美能力是非常重要的。审美能力强的人，能迅速地发现美、捕捉住蕴藏在审美对象深处的本质性东西，并从感性认识上升为理性认识，只有这样才能去创造美和设计美。单凭一时感觉的灵性而缺少后天的艺术素养的培植，是难以形成非凡的才情底蕴的。

事实上，我们每一个智商正常的人都能够去欣赏美，这是人先天就具备的认识能力。英国哲学家赫伯特·里德曾说："感觉是一种肉体的天赋，是与生俱来的，不是后天习得的。"他又说："美的起点是智慧，美是人对神圣事物的感觉上的理解。"可见，感觉是人人都具备的，但在美的事物面前，人们所获得的审美享受是有深有浅，有全有缺，有正确有谬误，有健康有庸俗，出现这种现象与他们的审美能力和鉴赏能力的高低有很大关系。我国有句成语叫"对牛弹琴"，常用来讽刺说话办事不看对象的人。在现实生活中，人与人之间的确是存在着审美能力上的差异，审美能力的形成和提高虽然与人的生理进化有关，但更重要的是来源于文化艺术知识的获取和美感熏陶，来自不断的学习和实践。

因此，若想学好服装设计，就必须要多接触相关的艺术门类，比如多听音乐会、多看艺术展览，接受艺术的感染与熏陶。通过此类灵感元素的累积，不断加深对美的理解和认识，从而培养更高的艺术品位。正如在服装领域取得伟大成就的设计大师们，大多具有深厚的艺术功底素养，并在日常生活中不断地补充充电，并以此为基石来实现他们出色的设计。

8. 让自己变得时尚起来

时装是否受到市场的欢迎，很大因素取决于是否有时尚性和流行性。难以想象一个观念陈旧、衣着落伍的设计师能做出非常时髦、时尚的作品。

当然，要使自己变得时尚不一定是外表穿着上的，关键是要让自已的心变得有强烈的时尚感，变得包容宽广，能够随时捕捉时尚新动向，让自己紧跟时代潮流。虽然，有些时尚的东西不见得都好、都美，但作为设计师，必须要有接纳的胸怀，客观地对待新观念、新现象，试着把自己放进去，去接受，去思考，这样才可能使设计的作品能与时代同步，甚至引领时尚。虽然某些潮流的形成有其偶然性，但顺应潮流发展、符合时代背景的时尚设计，还是比较容易获得共鸣与成功的。

9. 放弃"捷径"

作为服装设计专业的学生，最常面临的问题可能就是老师要求你开始一个新的设计系列。有的学生可能或根据老师的命题，预设好一个答案，并针对此展开灵感搜索，这种做法无疑是比较便捷且直接的途径，但是却也会因此而失去"领略沿途风景"的机会。在这里，更建议设计专业学生们能够从思考命题的各种相关方向出发，以一种开放的心理、全新的视野去思考、挖掘命题的可行性，不要"沉迷"于你预设的答案，因为越是一目了然的"答案"，往往也是被应用得最多的。时尚永远是多变的，而服装设计更不会有唯一的"答案"。最终的服装作品与你前期的灵感搜集有着密不可分的联系搜集，建议同学们放弃"捷径"，也许会经历"弯路"，但更有可能发现意想不到的"风景"。

10. 主动创造实践机会

实践对于服装设计专业的学生来说就是一块"试金石"。有的在校学生会抱怨学校安排的实践教学太少，而有的则会觉得过多。在这里，我们必须得说"实践出真知"是有其道理在里面的。

服装设计是一门实践性很强的学科，只有通过不断地实践才能真正认识它，才能获有更多的直接经验，才能发觉自身设计的不足，才能做出更好的设计。因此，服装设计专业的学生除了需要注重灵感的搜集之外，更要主动为自己创造实践的机会，将这些灵感的火花变为更为灿烂的服饰作品，以此来检验自身的设计，同时也让灵感搜集真正意义上得到升华。

因此，可以通过参加各种时装赛事、去服装企业兼职、给在企业服务的学长做助手、参加各类设计项目等来增加实践的机会，也让自己的设计更加的成熟。

11. 学会与人沟通、交流和合作

作为一个设计师，要想顺利的、出色地完成设计开发任务，使自己设计的产品产生良好的社会效益和经济效益，离不开方方面面相关人员的紧密配合和合作。例如，设计方案的制定和完善需要与公司决策者进行商榷，市场需求信息的获得需要与消费者以及客户进行交流；销售信息的及时获得离不开营销人员的帮助，各种材料的来源提供离不开采购部门的合作；工艺的改良离不开技术人员的配合，产品的制造离不开工人的辛勤劳动，产品的质量离不开质检部门的把关，产品的包装和宣传离不开策划人员的努力，市场的促销离不开公关人员的付出。

因此，作为设计师，必须树立起团队合作意识，要学会与人沟通、交流和合作。这方面的能力，需要在校学习期间就开始注意锻炼和培养，并努力使之成为一种工作习惯，这对今后开展工作会十分有益。

除此之外，服装设计专业的学生们也应该学习如何用语言来阐述、介绍自己的设计，这不仅仅是一次总结自身设计灵感的过程，同时也可以帮助设计师们推广自己。

第二节 灵感搜集册与氛围页

日常生活中搜集的灵感最终可以以灵感搜集册以及氛围页的形式进行展现。一般来说，灵感搜集册相对资讯内容更加丰富，是日常生活中观察、记录、累积下来的，而氛围页则更多是针对某一特定时装系列，相较于灵感册，氛围页是更进一步的灵感提炼与总结。

一、灵感搜集册

针对面料的灵感搜集

灵感搜集册又称为灵感册，英语则常用SKETCH BOOK，LOGBOOKS，VISUAL JOURNALS等词来指代。在欧美服装院校，日常累积的灵感册与装帧完善的设计手册有着同样重要的地位。

每个系列的产生都是基于设计师的生活方式以及周围的世界，所以灵感手册的记录可以有文字、图片、某一物件等，这些都将帮助我们产生新的想法，由此深入到一个个设计草稿，并逐步发展成为一个完整的系列。在灵感手册中，草稿的好坏并没有那么的重要，先记录下来，往往好的稿子来源于那些失败的草稿。

灵感手册主要分为两个部分。起始部分是灵感元素的收集，进一步则是针对灵感元素而衍生出的设计，这些设计可以是某一服装部件，也可以是一整个款式，更可以是一整个设计系列。灵感手册的累积其实就是一个深入挖掘个人创意与想象力的过程。

对于设计师个人来说，灵感手册是日程生活的"伴侣"，设计师们

内容丰富的灵感手册

无需像制作PORFOLIO设计手册那样关注于排版与美观，它可以更加的随意，根据设计师自身的习惯、需求与个性来规划自己的灵感手册。一本完善的灵感手册将是设计师个人探索、挖掘、思考的体现。

灵感手册相对最终的结果更关注于过程的累积。对于设计师来说，在灵感手册阶段并不需要过多地进行"抉择、评判"，只需要将闪现的灵感、款式记录在册，在稍后的时间中进一步进行完善与筛选，设计师从中起到的是一个决断者的角色。

二、氛围页

所谓氛围页，一般是灵感手册中灵感元素的提炼与总结，或者是针对某一主题的灵感发散，往往始于服装系列的开发阶段，决定了该服装系列的风格走向与设计闪光点。

氛围页的形成主要依靠的是设计师个人的主观判断，在开始一个新系列的设计时，设计师会根据给定的品牌风格、或流行趋势、或主题命题、或个人想法展开灵感搜寻，这一阶段的灵感是多元而又丰富的，涉及图片、影像、实物等，设计师需要抱着开放的心态去感受、观察生活，也许某些细小的细节就会被摘录进氛围页中，从而成为这一季的设计点。

一般来说，设计师在制作氛围页的同时也会将色彩页一起归进考虑的范畴，也就是说色彩页往往与氛围是相辅相成的，它们决定了整个服装系列的基本走向。对于设计师来说，氛围页的制作一般并没有固定的模式，手工剪贴、电脑合成都是现在比较常用的手法，也各有其优劣。

1. 手工剪贴的氛围页

手工剪贴的氛围页往往取材于现有的物件——杂志、报纸、书籍等纸质印刷品，织带、纽扣、拉链等服装辅料，蕾丝、欧根纱、提花织布等面料，古着服装、老旧摆件、古董等具有历史年代感的事物都可以被直接剪辑下来或以照片形式粘贴在一起，当然在此过程中，这些图片也可能因为种种原因被替换掉，经过反复思考与讨论，确定下最终版的氛围页。这一手法制作出的氛围页往往具有设计师的个性在里面，同时也能够更直观地展现一些灵感实物，是在计算机不发达的年代设计师们最为钟爱的做法。时代进步如21世纪，这类纯手工的氛围页制作仍旧拥有一批簇拥，他们认为这样的形式使得氛围页更具个性化，同时也是培养初学者很好的一个开端——设计新人们可以随时将引起灵感的图片、实物保留下来，并将这些物件集合在一起，通过归纳、分类、总结的方法，筛选出合用的纸质图片与实物，并最终将其以美观的手法整合在一起，成为一页阐述灵感的氛围页。

利用杂志剪贴出的氛围页

2. 电脑合成氛围页

　　随着信息大爆炸时代的来临，电脑制作的氛围页越来越多出现在人们眼帘。相较于手工粘贴，电脑合成而来的氛围页更具商业性与美观性，往往被用于后续系列产品的推广或者趋势灵感的发布。与手工粘贴的氛围页制作一样，它同样需要经过大量的信息搜集与筛选，最终将电子图片整合在一起，利用专业软件例如Photoshop、Adobe Illustrator、Color Draw等进行美化编辑。这一手法在操作的时候对于软件操作技能具有一定要求，但氛围页制作起来更为便捷、快速。对于年轻的设计师来说，学习如何应用这些软件来设计、制作氛围页是极其必要的，与后续更为专业的效果图绘制相比，电脑制作氛围页只是出于一个较为初级的阶段。在这个过程中，设计新人们不妨可以多学习一下前人的优秀排版设计，例如：流行趋势发布式（简洁规整的图片排列加上关键词或必要的语句文字说明），或者是美观炫目的推广式（图片与图片之间相互融合，形成具有设计感的完整画面）都是非常实用且有学习的必要的。

内衣氛围页

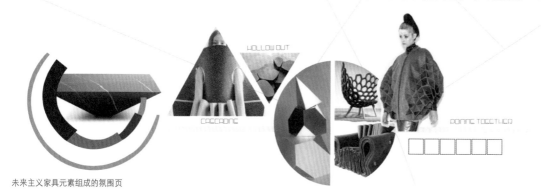

未来主义家具元素组成的氛围页

第三节　设计草稿

　　所谓设计草稿往往指的是尚不成熟的设计，与我们常说的时装手稿还有一定的差距。常规意义上来说，设计草稿是伴随着灵感而来的，设计师们可能受到某些启发而随手进行创作，这就是设计草稿。它是灵感乍现时的记录，未必非常成熟，但是可能帮助设计师进一步深入挖掘，将其升华至成熟的时装设计手稿。设计草稿并没有固定的格式规范，其内容丰富多样，既可以是一整款服装设计，也可以是针对某些装饰细节、印花或者局部部件的设计。

　　灵感与设计草稿以及最终的款式图之间有着逐步递进的联系，也就是说，设计草稿源于灵感的搜集，而服装款式图又始于设计草稿。对于服装设计专业的学生来说，平时一定要注重灵感以及草稿的累积，虽然不是说所有草稿的最终都可以"雀屏中选"成为款式图，但是脱离草稿与灵感的款式图也是"凤毛麟角"的。

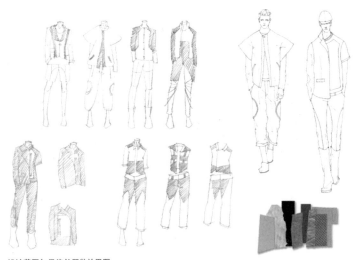

设计草图与最终的服装效果图

商业性服装效果图展示，兼顾了服装展示效果与工艺结构

第四节 设计系列的规划

　　作为一个成熟的设计师，必须要知道如何规划自己的设计系列，并且做到"掌控全局"。就是说设计师需要很清楚该系列的设计点在哪里，通过何种依据来使各套服装间产生联系，这个依据可能是某一服装装饰细节，也可能是同样的面料选用，也可以是统一色调等等。但做到这只是初步的掌握了设计系列的"系列感"，更为重要的是"比例"的把握。这里说的"比例"并非是服装比例，或者是人体比例，而是指在系列中的产品结构比例，如果针对商业设计，设计师需要掌握上装、裤子、连衣裙、打底服装的比例结构，这往往是有前期的经验数据可以参考的；如果是针对服装秀，则需要考虑开场服装、压轴服装，以及过程中的"抑扬顿挫"。

色彩统一的服装小系列

风格统一的服装大系列

服装插画展示，更注重意境的诠释

CREATIVE
DESIGN OF FABRIC

时装面料再度创作

3

第一章
面料基础

第一节　基础材料

课时安排：8课时

　　服用纺织纤维的种类很多，其分类方法也不同。按纤维的来源不同分为天然纤维、人造纤维、合成纤维三大类。

一、天然纤维

　　天然纤维是指在自然界天然形成的、或从人工培植的植物中、人工饲养的动物中获得的纤维。

　　● 棉纤维

　　棉纤维具有中腔与多孔的空间结构，可以保存大量空气，保暖性较好。棉纤维吸湿性较好，不易产生静电，触感柔软，因此穿着舒适，适合制作贴身衣物，儿童服装等。由于吸湿性强，棉制品缩水较严重，加工时应进行预缩处理。棉纤维强度较好，耐磨性一般，弹性较差，因此不很耐穿。棉制品耐水洗，但洗后易皱，需要熨烫。

　　● 麻纤维

　　麻纤维具有良好的吸湿性和散湿性，导热速度快，穿着凉爽，出汗后不贴身，尤其适用于夏季面料。但缩水率大，易改变尺寸。麻纤维主要用于套装，衬衫，连衣裙，桌布，餐巾，抽绣工艺品等。麻纤维弹性较差，制品易于起皱，起皱不易消失，因此很多用于高级西装和外套的麻织物都要经过防皱整理。由于麻纤维比较粗硬，麻制品与人体接触时有刺痒感。纤维具有较高的强度，居天然纤维之首，是羊毛的4倍，棉的2倍，制品比较结实耐用；

● 毛纤维

羊毛纤维柔软而富有弹性，可用于制作呢绒、绒线、毛毯、毡呢等纺织品，以及围巾、手套等。羊毛的吸湿性是常见纤维中最好的，穿着舒适，羊毛纤维的导热系数小，纤维又因卷曲而存有静止空气，加之纤维的吸湿放热，因此具有优良的保暖性。羊毛纤维的拉伸强度是天然纤维中最低的，拉伸后的伸长能力却是常用天然纤维中最大的。去除外力后，伸长的弹性恢复能力是常用天然纤维中最好的，所以用羊毛织成的织物不易起皱，具有良好的服用性能。羊毛纤维易受虫蛀，易霉变。因此保存前应洗净、熨平、晾干，高级呢绒服装勿叠压，并放入防虫蛀的樟脑球。

● 丝纤维

蚕丝的吸湿能力较强，吸收和散发水分的速度快，所以夏季穿着丝绸服装会感到舒适、凉爽。蚕丝的导热系数小，内部为多孔结构，因此保温性能也很好，冬夏穿着均宜。蚕丝纤维表面平滑，触感优良。桑蚕丝在小变形时的弹性回复率较高，织物的抗皱性能较好。但在温度升高和含水量增加的情况下，初始(弹性)模量下降，故制成的服装湿态易起皱，洗后的免烫性也差。蚕丝纤维的强度较大，与棉纤维相近，但在湿态下的强度低于干态下的强度，伸长能力小于羊毛纤维、大于棉纤维。蚕丝的耐光性较差，在日光照射下，蚕丝易发黄，强度下降，织物脆化。

棉纤维

麻纤维

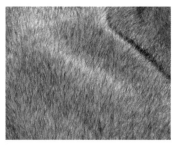

毛纤维

丝纤维

二、 人造纤维材料

采用天然高聚物或失去纺织加工价值的纤维原料如木材、甘蔗渣、牛奶、花生、大豆、棉短绒、动物纤维等为原料，经过化学处理与纺丝加工而制得的纤维，所以又称再生纤维。

● 粘胶纤维

粘胶纤维吸湿能力优于棉，透气凉爽。普通粘胶纤维的初始模量比棉低，在小负荷下容易变形，而弹性回复性能差，因此织物容易伸长，尺寸稳定性差，但悬垂性能好，手感光滑柔软。粘胶纤维穿着舒适，短纤维可纺性好，与棉、毛及其它合成纤维混纺、交织，用于各类服装及装饰用品。粘胶长丝可用于制作衬里、美丽绸、旗帜、飘带等丝绸类织物，高强力粘胶可用作轮胎帘子线、运输带等工业用品。普通粘胶纤维的断裂强度比棉小，断裂伸长率大于棉，湿强下降多，耐磨性较差，吸湿后耐磨性更差，所以粘胶不耐水洗，尺寸稳定性差。

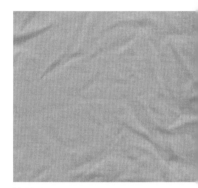

粘胶纤维

● 铜氨纤维

铜氨纤维的用途与粘胶纤维大体一样，但铜氨纤维的单纤比粘胶纤维更细，其产品的服用性能极佳，性能近似于丝绸，极具悬垂感。加上其具有较好的抗静电的功能，即使在干燥的地区穿着仍然具有良好的触感，可避免产生闷热的不舒适感，这是它一直成为受欢迎的内衣里布的重要原因，且至今仍然处于无可取代的地位。目前铜氨纤维已从里布推向面料，成为高级套装的素材，特别适用于与羊毛、合成纤维混纺或纯纺，做高档针织物，如做针织和机织内衣、女用袜子以及丝织、缎绸女装、衬衣、风衣、裤料、外套等。

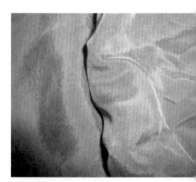

铜氨纤维

● 醋酯纤维

纤维素与醋酐发生反应而得到纤维醋酸酯，经纺丝成纤维素醋酸酯纤维，简称醋酯纤维。吸湿能力比粘胶纤维差，染色性能较粘胶纤维差，通常采用分散性染料和特种染料染色。醋酯纤维的耐热性和热稳定性较好，具有持久的压烫整理性能。醋酯纤维吸湿较低，不易污染，洗涤容易，且手感柔软，弹性好，不易起皱，故较适合于制作妇女的服装面料、衬里料、贴身女衣裤等。也可与其它纤维交织生产各种绸缎制品。

醋酯纤维

三、合成纤维材料

合成纤维是以石油、煤和天然气及一些农副产品中所提取的小分子物质为原料，经人工合成得到高聚物，再经纺丝制成的纤维。

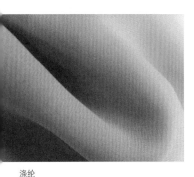

涤纶

● 涤纶

涤纶纤维的吸湿性差，穿着闷热，舒适性差，容易产生静电。但低吸湿使得涤纶织物易洗快干，具有"洗可穿"的特点。涤纶的拉伸断裂强力和拉伸断裂伸长率都较高，根据加工工艺的不同，可将纤维分为高强低伸型、中强中伸型和低强高伸型。涤纶的耐冲击强度比锦纶高4倍，比粘胶纤维高20倍。耐磨性仅次于耐磨性最好的锦纶，比其他天然纤维和合成纤维都好。涤纶纤维的耐热性和热稳定性在合成纤维织物中是最好的。涤纶纤维在服装、装饰、工业中的应用都十分广泛。其短纤维可与天然纤维以及其它化纤混纺，加工不同性能的纺织制品，用于服装、装饰及各种不同领域。涤纶长丝，特别是变形丝可用于针织、机织制成各种不同的仿真型内外衣。长丝还可以用于轮胎帘子线、工业绳索、传动带等工业制品。

锦纶

● 锦纶

锦纶纤维的吸湿能力是常见合成纤维中较好的，小负荷下容易变形，所以织物保形性和硬挺性不及涤纶织物。锦纶纤维密度小，织物轻，比棉纤维轻26%，比钻胶纤维轻24%。锦纶纤维强度高，弹性好，其抗疲劳能力比棉纤维高7-8倍，弹性恢复率在常用纺织纤维中居首位，耐磨性是常见纺织纤维中最好的。锦纶纤维的耐热、耐日光性较差，织物久晒就会变黄，强度下降。锦纶的产量仅次于涤纶。锦纶长丝民用上多用于针织和丝绸工业，工业上常用于帘子线和渔网，也可做地毯，绳索，传送带，筛网等。锦纶短纤维与毛、棉等纤维混纺，开发各种服装面料。近年来，锦纶作为羽绒服高密面料被广泛使用。

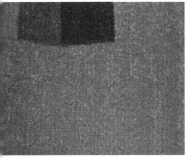

腈纶

● 腈纶

腈纶纤维的吸湿性较差，穿着有闷热感，但易洗快干。腈纶纤维的强度比涤纶、锦纶低，断裂伸长率则与涤纶、锦纶相似，弹性较差，耐磨性是合成纤维中最差的。腈纶纤维的耐日晒性特别优良，露天曝晒一年，强度仅下降20%，在常见纺织纤维中居首位。腈纶纤维的染色性能良好，色谱齐全，染色鲜艳。腈纶为湿法纺丝纤维。截面为圆形或哑铃形，纵面平滑或有少许沟槽。

● 维纶

维纶纤维的吸湿能力是常见合成纤维中最好的。维纶的染色性能较差，染色色谱不全。弹性差，织物易起皱。维纶纤维的热传导率低，保暖性好。维纶纤维的强度比锦、涤差，稍高于棉，断裂伸长率大于棉而差于其他常见合成纤维。耐日光性与耐气候性好，但耐干热而不耐湿热，所以须经缩醛化处理，否则耐热水性很差，在热水中收缩大，并会溶解于热水。近年来，利用维纶的耐湿热差的特性，开发的水溶性维纶纤维得到多方面的使用，如作为伴纺纤维，绣花衬等。维纶的化学稳定性好，耐碱，不耐强酸。维纶性质接近于棉，相对密度比棉小，耐磨性和强度比棉花好，常用开发仿棉产品，或者与棉混纺。主要用于制作外衣、棉毛衫裤、运动衫等针织物。由于维纶与橡胶有很好的粘合性能，被大量用于工业制品，如绳索、水龙带、渔网、帆布帐篷、外科手术缝线、自行车轮胎帘子线、过滤材料等等。

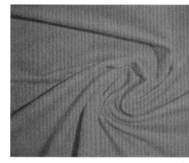
维纶

● 丙纶

丙纶纤维是常见化学纤维中密度最轻的品种。丙纶纤维几乎不吸湿，易洗快干，具有良好的芯吸能力，能通过织物中的毛细管传递水蒸气，吸湿排汗作用明显。染色性较差，色谱不全，但可以采用原液着色的方法来弥补不足。丙纶纤维的强度与中强中伸型涤纶相近，特别是浸湿后其强度仍然不降低，很耐磨，是制作渔网、缆绳及水产养鱼业用品的理想材料。丙纶纤维弹性优良，耐磨性仅次于锦纶。有较好的耐化学腐蚀性，除了浓硝酸，浓的苛性钠外，丙纶对酸和碱抵抗性能良好，适于用作过滤材料和包装材料。丙纶纤维的主要缺点是热稳定性差，不耐日晒，易于老化脆损，因而制造时常添加防老化剂。除了工业使用外，丙纶纤维可以纯纺或与羊毛、棉或粘纤等混纺混织来制作各种衣料。可以用于织各种针织品如织袜、手套、针织衫、针织裤、洗碗布、蚊帐布、被絮、保暖填料、尿布湿等。医学上可带代替棉纱布，做卫生用品。

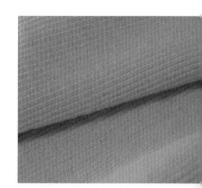
丙纶

● 氨纶

氨纶纤维的染色性能良好，色谱齐全，染色鲜艳。氨纶纤维的吸湿性较差。氨纶纤维的显著特点是其高伸长的特性，可以拉伸到原来的4—7倍，且在外力释放后，能基本恢复到原来的长度。其回弹性比橡胶纤维大2—3倍，重量却轻1／3。但与纺织纤维相比，则强度很低，是常见纺织纤维中强度最低的。氨纶纤维有较好的耐酸、耐碱、耐光和耐磨等性质，但是耐热性差。除了织造针织罗口外，很少直接使用氨纶裸丝。一般将氨纶纤维与其它纤维的纱线一起做成包芯纱或加捻后使用，

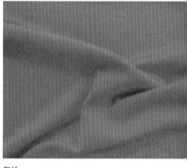
氨纶

如纱芯为氨纶，外层为棉、羊毛、蚕丝等手感、吸湿性能优良的天然纤维的包芯纱。用这些纱线开发的机织或针织弹性面料柔软舒适又合身贴体，穿着者伸展自如。因此，广泛用于体操、游泳、滑雪、田径等运动服和紧身内衣、弹力牛仔服装面料，以及绷带、压力服等医疗领域。

四、新型纤维材料

● 莫代尔（Modal）

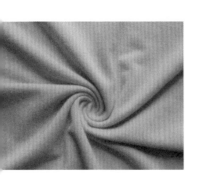

莫代尔

莫代尔的特点是将天然纤维豪华质感与合成纤维的实用性合二为一。具有棉的柔软、丝的光泽，麻的滑爽，而且其吸水、透气性能都优于棉，具有较高的上染率，织物颜色明亮而饱满。莫代尔可与其他纤维混纺，如棉、麻、丝等以提升这些布料的品质，使面料能保持柔软、滑爽。莫代尔织物经过多次水洗后，依然保持原有的光滑及柔顺手感、柔软与明亮。由于MODAL纤维的优良特性和环保性，已被纺织业一致公认为是21世纪最具有潜质的纤维。

● 珍珠纤维

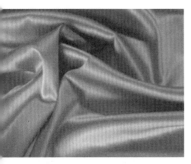

珍珠纤维

珍珠纤维具有珍珠所特有的护肤功能和抵抗紫外线的功能，并且具有优良的吸湿回潮率，舒适的手感和服用性能，适宜制作高档内衣等贴身衣物。珍珠纤维可应用于文胸、短裤、T恤、背心、睡衣、运动衣等贴身穿着的服装。

● Tactel纤维

纤维

Tactel纤维是杜邦公司生产的自身具有弹性和异型截面形状的尼龙66纤维，因此这种纤维织成的面料具有很好的吸湿排汗功能和一定的弹性。Tactel与棉、涤交织混纺，经染整加工而成的高档服装面料，具有较佳的舒适与透气性和抗撕裂强度，色泽鲜艳有光泽、手感柔软、滑爽、外观华丽，是制作夹克、休闲时装和运动装的最佳面料。

● 牛奶丝

牛奶丝

所谓"牛奶丝"，是根据天然丝质本身所含蛋白质较高的原理，将液态牛奶去水、脱脂、加上糅合剂制成牛奶浆，再经湿纺新工艺及高科技手段处理而成，是继第一代天然纤维与第二代合成纤维后的第三代新型纤维。它比棉、丝强度高，比羊毛防霉、防蛀性能好，还有天然的抑菌功能。牛奶丝针织品属于天然织物，又含有丰富蛋白质，因此它的吸水性、透气性较一般针织品优越，与人体接触不会发生不良反应，更不会像一些化学纤维织物使穿着者有发痒等过敏现象。

● 竹纤维

竹纤维产品具有很好的外观风格，因为它的悬垂性好、色泽亮丽、防皱性好、且有丝绒般效果使其不似皮、草、竹的坚硬，格调的相对单一。而竹纤维面料秉承竹文化，格调丰满，可塑性强，对家居装饰有着画龙点睛的作用。更由于竹子的天然韧性，用竹纤维织成的产品便具有了较强的防皱性、较好的耐磨性，较强的纵向和横向强度和可机洗的特点，极大地方便了消费者。竹纤维产品可以用在毛巾、毯子、床单等家用纺织品，或者耐磨织物、香烟滤嘴、医用纱布绷带等产业用品中。

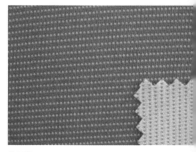

竹纤维

第二节　创意材料

一、橡塑泡沫类

● 橡塑材料

橡胶是提取橡胶树、橡胶草等植物的胶乳，具有轻、薄、服贴、弹、悬垂、有光泽等特性，但在材料的透气方面需要进一步改善，特别是湿热条件的环境。

橡胶材料

● 塑料袋

塑料袋柔软易于塑性，并可循环利用。用于服装包装的塑料袋有硬质塑料袋、软质塑料袋、磨沙袋和铝箔袋。因为铝箔袋的优良性能，在服装包装上的应用越来越多，尤其在纯毛及毛料制品的服装包装上，铝箔袋更是发挥着举足轻重的作用。

塑料材料

海绵材料

气球材料

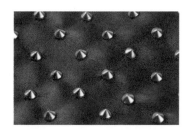

铆钉材料

● 海绵

海绵具有保温、隔热、吸音、减震、阻燃、防静电、透气性能好等特性。海绵大多用于西装肩部衬垫以及胸围内衣等，但有时候在时装走秀中也能看到海绵的影子，以海绵为质地的服装看起来大气、高贵，视觉效果较好。

● 气球

气球种类有很多，现在主要是以天然乳胶为生产材质。气球纯净自然，可以作为各种装饰。把大小不一的气球放到一起，可以打造华美的晚装、浪漫的婚纱、个性的泳装、立体的运动装和各种靓丽的配饰。日本设计师Rei Hosokai设计的"气球时装"，每一件从造型到配色，都是那样美轮美奂。

二、金属类

● 易拉罐

虽然易拉罐比较坚硬，但还是很容易造型的，且定形后不易变形。易拉罐表面光滑防水。用来做特殊的环保服饰很有创意。

● 铆钉

铆钉最早起源于二战时期的美国，后为摇滚乐所吸纳，并在朋克和后朋克摇滚时期风靡世界，摇滚乐者用铆钉来表现自己的极端态度和反叛情绪，赋予了铆钉个性帅酷的街头风格。在服装领域中，铆钉作为金属制品形成了一种鲜明的装饰风格。

易拉罐材料

三、 蔬果食品类

● 蔬菜水果

蔬菜水果一般都只能食用，但是经过艺术家们的手之后可以做成衣服，这是一件很神奇的事情。以韭菜为例，用韭菜做成的服装，看起来有种镂空的感觉，不易起毛起球，并且其尺寸稳定性较好，穿起来不易变形。由于这种服装是由韭菜一根一根镶接而成，其通透性较好，刺痒性也不错。但是这种面料的湿热舒适性以及生化防护性能较差，容易受到蛀虫的侵蚀，并且不耐磨，使用寿命比较短。

● 树叶

树叶有着多样的形状、清新的颜色以及纯净的质感，为服装设计师们提供了丰富多彩的原料以及天马行空的想象。树叶可制作各种四季服饰，男士T恤、裤子，女士头饰、裙子、内衣，儿童服装。款式多样，造型立体，设计感强。美国设计师Yotam Solomon用植物材料做成T台礼服，宽大的翠绿树叶做成衣服，鲜花做束带，纯自然的极好展示。

● 玉米皮

玉米皮的主要成分是纤维、淀粉、蛋白质等，具有保湿吸水的优点，能使皮肤柔润光滑。经熏制的玉米皮，色白如粉、柔软似线，反面有光泽，用化工颜料可以染成各种颜色，能编出十字花、菱形花及文字等多种图案花样，使得产品色泽光亮，精致美观。同时符合环保理念，具有一定的实用价值、艺术品的观赏、收藏价值。

● 茶叶

英国科学家和时尚设计师最新研制一种茶叶织物材料，新型"茶叶衬衫"或将成为未来时尚服装的新风标。一种醋菌属细菌可促使这种绿茶溶液形成纤维丝，经过两至三个星期，这些纤维丝聚合在一起形成纤薄、湿润的纤维丝片，当干燥后就变得十分坚硬。该材料经过再次处理，染色和模制，可形成不同的质感和效果。由茶叶制成的革质材料非常轻，可用于制作衬衫、夹克、服装，甚至鞋子。这种创新型茶叶服装织物是一种不破坏生态环境、可持续性材料，对于服装行业具有十分重要的作用。

● 巧克力

巧克力触感细腻，且具有特有的浓郁香味，巧克力的熔点一般在

36℃左右，是一种热敏性强，不易保存的食品。在法国巴黎举行的巧克力展上，模特展示用巧克力制作的服装，巧克力展在凡尔赛展览中心登场，主题是"巧克力的新世界"。

蔬果材料

韭菜

树叶材料

玉米皮材料

茶叶材料

巧克力材料

四、纸皮绳类

● 纸

纸质材料被用到服装上是一种崭新的尝试，其魅力是布质服装无法比拟的。纸质服装材料有以下几个特点：1.服用性、环保性高：欧美设计师惯用杜邦公司研制的特卫强纸，其在应用上比传统布料更加灵活，比传统纸质，它具有不易变形、柔软平滑、轻巧坚韧、防潮湿、抗水渍、不含黏着剂等优点。在亚洲，韩国韩纸和日本和纸在服用性能上走在前列。韩纸搞糟的速度快于其它纺织品，部分性能更甚于棉和羊毛织物。和纸布料轻巧、透气，手感类似于亚麻。且纸可循环再利用有利于保护环境。2.质感奇特：纸的质感既丰富又奇特，可以直接利用的纸很多，有的比较光滑、有的比较粗糙、有的毛茸茸的、有的光泽比较好。此外，纸质材料的服装还有立体效果好、色彩丰富、舞台表演效果好等优点。

纸制服装

● 树皮

它具有防寒防暑防止病虫害的作用，是一种天然的无污染的服用材料，且各种树木的树皮形态、厚度、颜色、花纹、质地、气味、滋味等不尽相同，能较广泛地应用于衣服、家具和室内设计。树皮布具有低水量和低能量消耗的特征，并且环保和具有生态适宜性。

树皮材料

● 鱼皮

鱼皮的特性是质地柔软、皮薄、韧性强、鱼纹图案自然清晰美观，结实耐磨。鱼皮服是人类较原始的服饰之一，是赫哲人及其先民创造的一种特殊文化，即渔猎文化中最为独具特色的鱼皮文化之核心。

● 麻绳

麻绳的主要特点是防腐蚀、防潮、耐磨、坚韧、抗老化、抗拉伸、强度高，用麻绳织成的产品透气性好、寿命长，适合编织多种产品。精细的亚麻、罗布麻因为柔软成为许多牛仔品牌、休闲、家居品牌的流行辅料产品。而黄麻、槿麻因为具有耐磨损，耐腐蚀，耐雨淋，使用方便等优点，广泛应用于包装、捆扎、绑系、园艺、大棚、牧场、盆景、商场超市等。中麻、亚麻则应用于子母带、嵌条、扁带、圆绳、空心绳、丈根绳、扁绳等。在服装的创意设计中，麻绳的应用也是相当广泛的。麻绳可以作为服装表面的装饰品，用麻绳编制各种图案的装饰，得到非常美观的效果。此外，也可用麻绳编织各种花纹的麻绳衣。

鱼皮材料

五、其他

● 贝壳

贝壳软体动物的外套膜，具有一种特殊的腺细胞，其分泌物可形成保护身体柔软部分的钙化物，称为贝壳。贝壳的数量、形状和结构变异极大，其中有的具有珍珠般的虹彩光泽，因而被用于珠宝业，制作项链、服装珠宝、纽扣等，更多用于制作贝雕、拼贴画、镶嵌刀柄等。由于贝壳的大小及花纹多样，被用于服装制作与装饰均能取得较好的视觉效果。

● 纽扣

纽扣不再以把衣服连接起来为主要的功能，而是作为服装的装饰品。使用形状各异、色彩不同的纽扣可以在服装上装饰出非常美观的图案，得到意想不到的效果。在服装的创意设计中，还可以将各种各样的纽扣用线连接起来，形成纽扣面料。如今的市场上，纽扣种类繁多，琳琅满目。比如：包布扣、贝壳纽扣、合金扣、金属扣、木扣、牛角扣等等。

● 陶瓷

陶瓷一样可以做成衣服穿在身上。而且有研究证明，这样的陶瓷服装对于人体不仅有抗菌作用，而且具备改良新陈代谢、增进血液循环等保健作用。当我们把陶瓷颗粒做得只有十几个到几十个纳米时，它的化学性质就很稳定了，而且我们可以依据实际需要增添各种保健成分。把这种性质稳定地精致陶瓷颗粒增加到直径为10微米的纤维里，再用这些纤维制成布料，最后就能制出陶瓷服装了。

麻绳制品

贝壳材料

纽扣材料

陶瓷服饰

第二章
创意手法

第一节　加法设计

课时安排：8课时

　　于一幅经纬简素的服饰面料上进行再次创作，用所能用及的手段使之以一种全新的面貌及风格呈现，这是简单的面料重生的时刻。而在促使一种重生的手法上人们无所不用。最直接的方式就是叠加技艺。有新的元素加入总是能有新的新鲜感和体验产生。

传统刺绣制品

一、刺绣

　　刺绣就是一种以尖利的锐物刺透面料织物，将丝线纱绳绣织成图案的装饰工艺手法。它是用针和线把人的设计和制作添加在任何织物上的一种艺术。不同的针法、绣法可以产生不同的线条组织和独特的手工刺绣艺术表现效果，绣珍禽异兽，毛丝颂顺，活灵活现，栩栩如生；绣花卉，活色生香，香味朴鼻，尽态尽妍，既可表现古韵悠远，亦可表现华贵雍容。

手绣

● 彩绣

在品类繁多的刺绣技法中，彩绣无疑是一种具有色彩感染力，极具装饰性的表现手段。以各种彩色绣线编制花纹图案的刺绣技艺，具有绣面平服、针法丰富、线迹精细、色彩鲜明的特点，在服装饰品中被乐于运用。

彩绣的色彩变化也十分丰富，它以线代笔，多种彩色绣线的重叠、并置、交错产生华而不俗的色彩效果。尤其以套针针法来表现图案色彩的细微变化最有特色，色彩深浅融汇，具有国画的渲染效果。

● 丝带绣

以缎带作为构成画面的主要载体的丝带色彩丰富，其质感细腻的原材料配合独特的绣法，呈现出立体感强的效果，绣出立体状态的绣品，鲜活层次,跃然于布面之上。用手可直接触摸，绣品充分地利用了丝带原有的华贵色泽，更多地来表现出鲜花等天然浪漫元素。

苏绣屏

现代彩绣风格作品

传统彩绣风格作品

丝带绣作品

● 珠绣

这是一种针穿引珍珠、玻璃珠、宝石珠而在纺织品上组成图案的一种装饰手段，既有时尚、潮流的欧美浪漫风格，又有典雅、底蕴深醇的东方文化和民族魅力。珠绣的装饰手法源于古老的唐朝，鼎盛于明清时期，在那中国最后封建王朝的宫殿里，珠绣的官服、帽冠、披肩等华美无方。珠绣的饰物具有珠光灿烂、绚丽多彩、层次清晰、立体感强的艺术特色。

绣片雕花服饰作品

二、雕花花饰

服装是三维的视觉艺术，服饰上的装饰手法也渐从平面向立体发展。作为女装中永远不会凋零的装饰物，花卉饰品在服饰装饰中占重要地位。运用不同工艺手段、表现形态、材质能表现不同的艺术效果。立体或逼真或抽象的花卉装饰在服饰上营造令人眼花缭乱美不胜收的繁复的视觉效果。

三、烫贴

烫贴是近年一种流行时尚的服饰装饰手法，国际流行发布中也经常有令人瞠目惊艳的作品问世。各种形状、色泽、切割工艺的烫钻、烫贴片根据需要在服装服饰上进行不同部位和设计的烫贴，是华丽繁奢的巴洛克风格的重要表现形式。

重工珠绣服装作品

DOLCE & GABBANA宫廷风烫钻服装系列

四、填充

在面料中加塞填充材料，使原本二维的织物呈现三维的立体效果，呈现别致怪诞的装饰感。经过图案设计的填充面料在设计表现上更具视觉力度，提升艺术效果。近年来不少服装设计中运用这样的面料创意元素。

五、编结

编结是绳结和编织的总称，是主要采用各类线形纤维材料，运用手工活使用工具，通过各种编织激发制作完成的编织物品。编结艺术能形成半立体的表面形式，其织物的肌理、质感、色彩、图案等具有变化的效果，是服装服饰装饰的重要手段之一。

川久保玲填充装饰服装系列

编结配饰

第二节 减法设计

一、镂空

镂空亦是一种雕刻技术。从外观全局看来是完整的一幅图案，有序有设计排列地将局部面料镂去，形成新的图案效果。面料镂空图案有别于普通面料图案，面料隐约显露人体皮肤，更显风情别致，因而为许多人所钟爱。

二、烂花

烂花，以化学药品破坏面料而产生图案的工艺。常在丝绒面料上可见这种凹凸有序的花纹，或呈半透明状，装饰性强。

镂空服饰作品

烂花面料　　　　　　　　　烂花服饰作品

三、撕扯

　　流行时尚的风格总是千姿百态，有时残破也是一种美。在完整面料上进行撕扯、劈凿等强力破坏留下具有各种裂痕的人工形态残像。在颓败破旧风潮盛行的时尚界，这种撕扯的装饰手法被越来越多的年轻一族所钟爱。

四、做旧

　　时尚领域的复古之风令做旧的丹宁成为使全世界青年人疯狂的单品。利用水洗、沙洗、砂纸磨毛、染色、试剂腐蚀等手段，使面料有变旧感觉的工艺方法，让服装犹如乘坐时光机瞬间去到未来。

撕扯手法服饰作品

做旧服饰作品

五、抽纱

　　抽纱工艺就是在原始纱线或织物的基础上，将织物的经纱或纬纱抽去而产生具有新的构成形式、表现肌理以及审美情趣的特殊效果的表现形式。

第三节　其它设计

一、褶饰

　　褶饰是服装设计常用的造型方式之一。面料的褶皱是使用外力对面料进行缩缝、抽褶或利用高科技手段对面料皱褶永久定型而产生的。褶饰能改变面料表面的肌理形态，使其产生由光滑到粗糙的转变，有强烈的触摸感觉。褶皱的种类很多，有压褶、抽褶、自然垂褶、波浪褶等，形态各异。通过褶皱材料、工艺、造型、位置等设计手法不同，使面料产生不同的美感。

　　褶饰大师三宅一生的褶皱可谓是最为独特和出名的。从1989年他正式推出有褶皱的衣服与顾客见面的时候起，三宅一生的名字和他衣服上的褶儿就连在一起了。运用褶皱表现他的个性，是他的出发点之一，另一个出发点是他希望自己设计的服装像人体的第二层皮肤一样舒适服帖，褶饰也能够很好地完成这个任务，而三宅一生的褶饰很好地解决了东方的服装注重给人留出空间和西方式的严谨结构之间协调的问题。

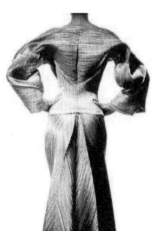

三宅一生作品

传统印染面料服饰

二、印染

印染是对需要进行图案装饰的纺织服装材料采用一定的工艺，将染料转移到布上的方法。手工印染品种繁多，包括雕版印染、蜡染、手绘、扎染等。其中扎染最具特色。

● 蜡染

蜡染，古称"蜡缬"。传统民间手工印染工艺之一。是一种以蜡为防染材料进行防染的传统手工印染技艺。蜡染今在布依、苗、瑶、仡佬等族中仍甚流行，衣裙、被毯、包单等多喜用蜡染作装饰。蜡染图案丰富，色调素雅，风格独特，用于制作服装服饰和各种生活实用品，显得朴实大方、清新悦目，富有民族特色。

● 手绘

服装手绘，即在原纯色成品服装基础上，根据服装的款式、面料以及设计风格在服装上用专门的服装手绘颜料绘画出精美、个性的画面，无论国画效果还是油画效果，基本都能在面料上呈现出来。因为其手工性，比服装印花更具有欣赏价值；因为其绘画性，比工业设计以实用为先的审美更具有艺术价值。手绘因其能够充分展现个性和对艺术的追求，从产生以来一直受到时尚年轻人的追捧，特别是近年来在欧美、日韩、台湾等地刮起了"涂鸦文化"的旋风，手绘服装开始成为时代的新宠。

蜡染裙

手绘和服

● 扎染

扎染古称扎缬、绞缬、夹缬和染缬，是中国民间传统而独特的染色工艺，是织物在染色时部分结扎起来使之不能着色的一种染色方法。

● 数码印花

数码印花，是用数码技术进行的印花。数码印花技术是随着计算机技术不断发展而逐渐形成的一种集机械、计算机机电子信息技术为一体的高新技术，可根据不同需要直接在服饰面料上打印出所需的图案。

扎染作品

数码印花图案服饰

数码印花机

三、 拼贴

　　拼贴是拼接和贴补艺术的总称，将各种不同色彩甚至材质的布块拼接在一起的一种造型样式的手工艺技法。

　　贴补工艺是一种在古老技艺的基础上发展起来的新型艺术，即在一块底布上贴、缝或镶上有布纹样的布片，以布料的天然纹理和花纹将工笔画用布贴的形式表现出来。它是以剪代笔、以布为色进行创作的一种装饰手法，充分利用布的颜色、纹理、质感，通过剪、撕、粘的方法，形成有独特色彩的抽象的造型，具有笔墨不能取代的奇效，若用于面料再造设计能创造出面料的浮雕感给人以新的视觉感受。

明代水田衣

拼接图案服饰

四、仿真

艺术源于生活而高于生活，创意则是对现实世界的致敬。在人们崇拜大自然，品味生活原味中开始研究建立在自然界美的基础上，探索生物形态的内在美规律和文化内涵的仿真艺术设计。

悠远古老的彝族服饰就拥有了仿真的艺术语言，运用图形、形态和意象来展现自然界的"形、态、质、色"等元素，来传达对大自然的崇敬与喜爱，并形成独特的民族服饰仿真艺术语言。

在现代设计中，设计师也乐于将仿真的元素进行运用。仿真植物、动物等形式的配饰设计一直为人们所钟爱。无论是中国戏剧头面还是世界著名的卡地亚珠宝，这种对真实世界的临摹从未停止。

如今在服饰设计的面料创意领域，也有越来越多的设计师对这种生动又有趣的创作手法极富兴趣。在实现手法上可借鉴各家所长，无所限制尽所能及，只为营造和真实一致的视觉效果。

彝族公鸡仿真服装

雀鸟仿真头面

卡地亚仿真首饰

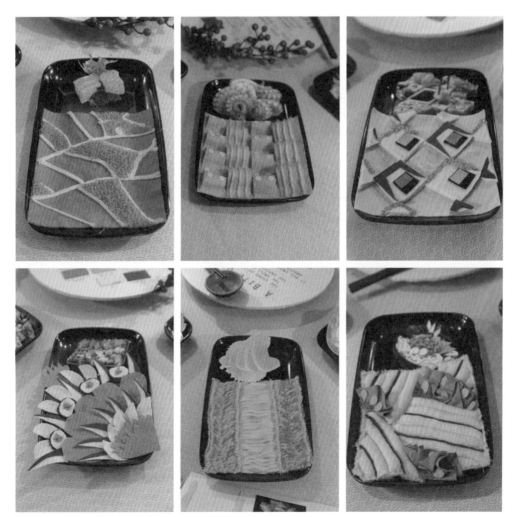

刺身仿真创意面料一组

第三章
面料加工工艺

第一节　加法工艺

课时安排：8课时

一、刺绣

1. 彩绣

工具材料：

基本针法：

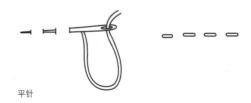

平针

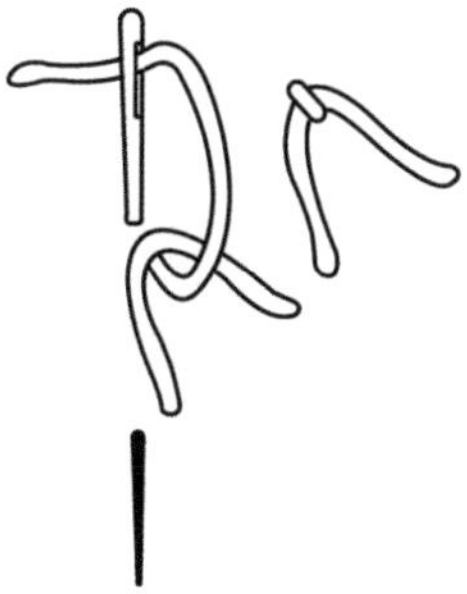

飞针绣 　　　　　　卷针绣 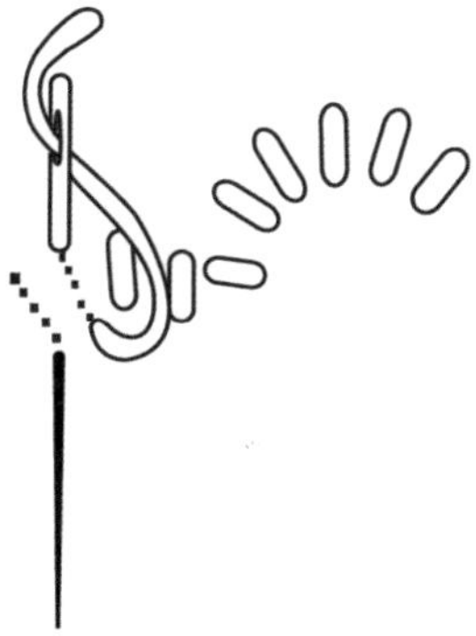　　　　　　闪射针 　　　　　　雏菊针

花茎针 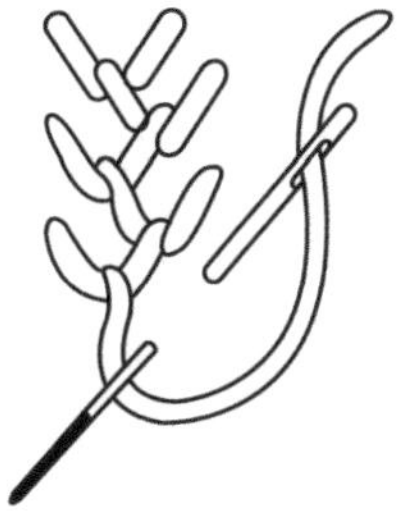　　　　　　羽毛针 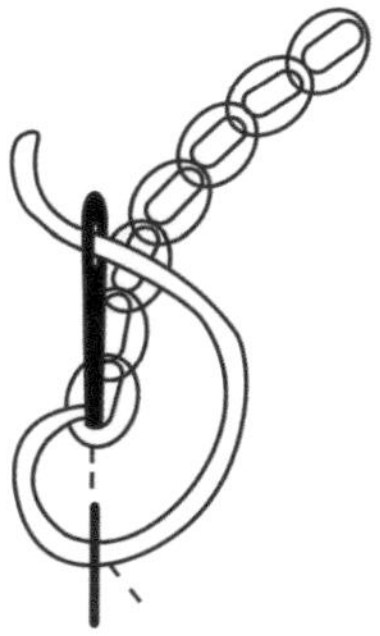　　　　　　锁链针 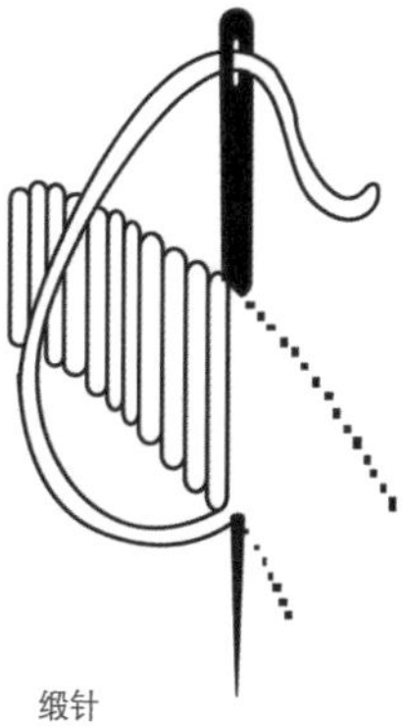　　　　　　缎针

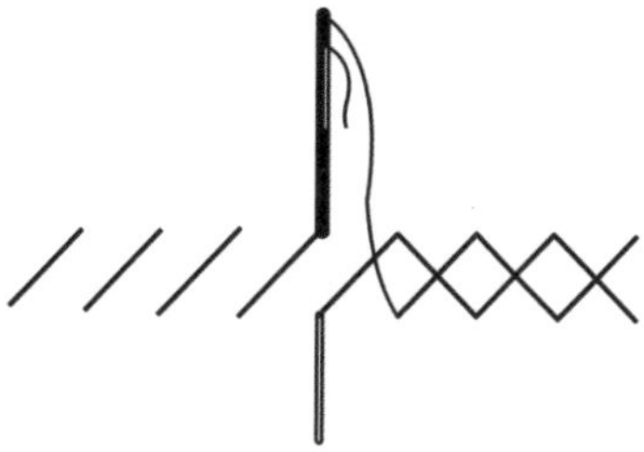

十字针 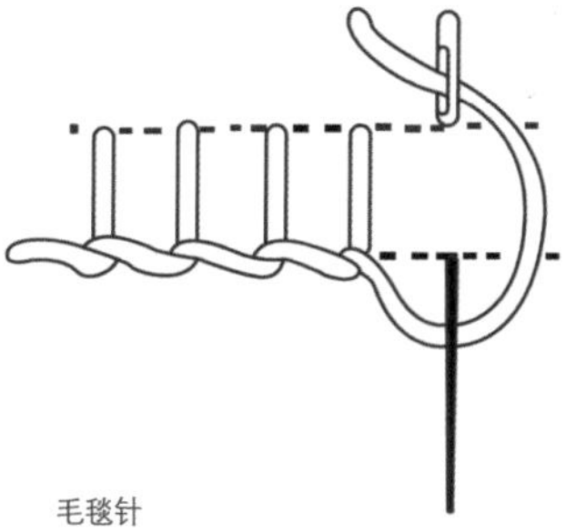　　　　　　　　毛毯针 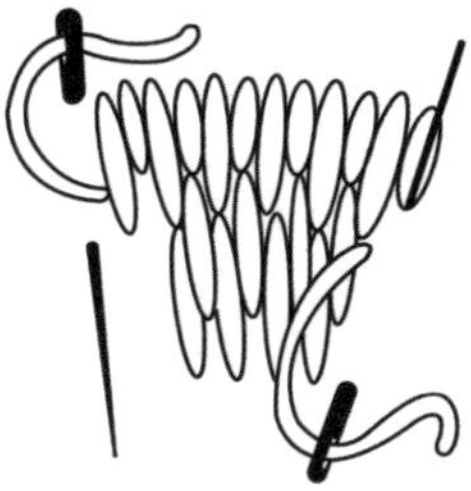　　　　　　　长短针

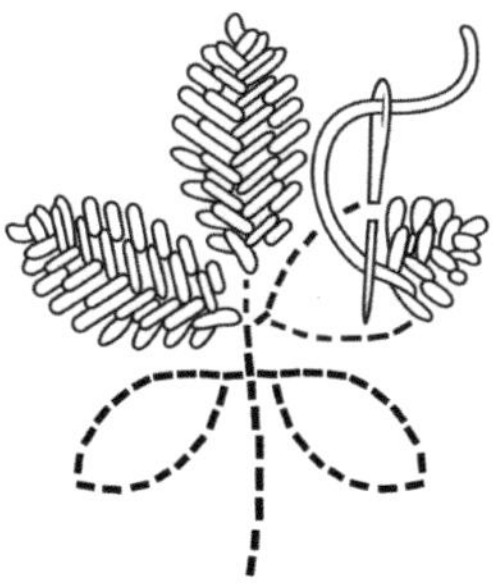

鱼骨针 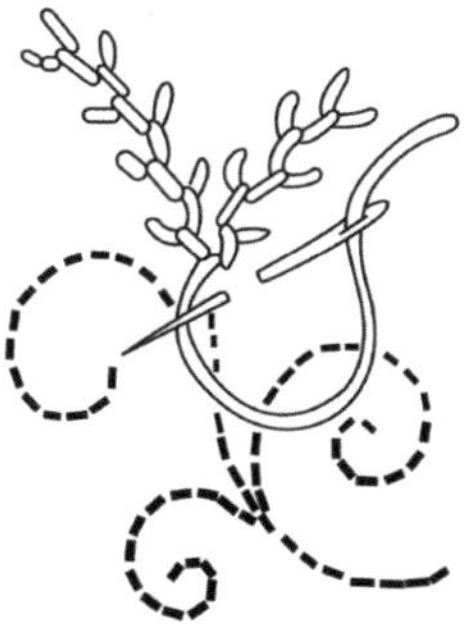　　　　　　横针 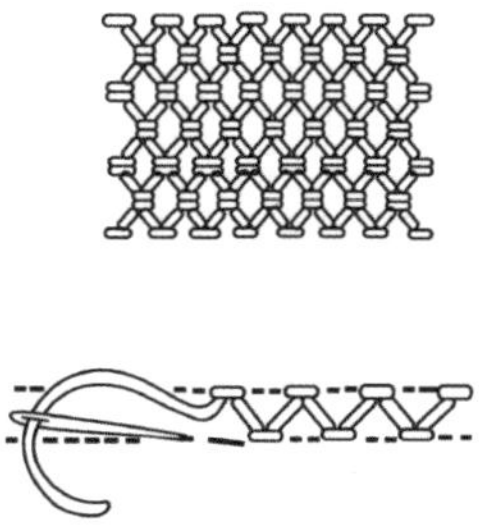　　　　　　网针 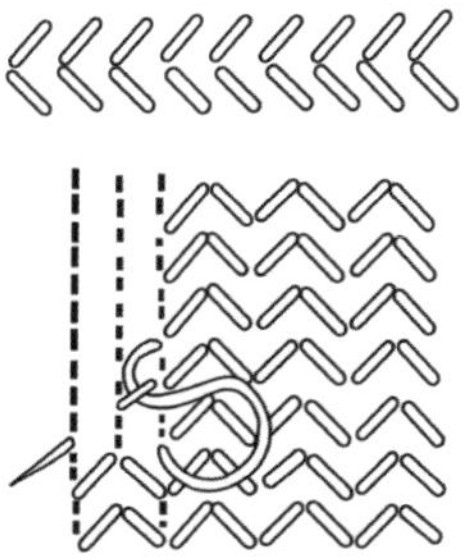　　　　　　箭头针

2. 丝带绣

工具材料:

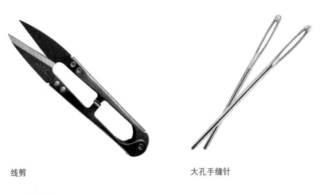

线剪   大孔手缝针

工艺方法:

(1) 直叶绣

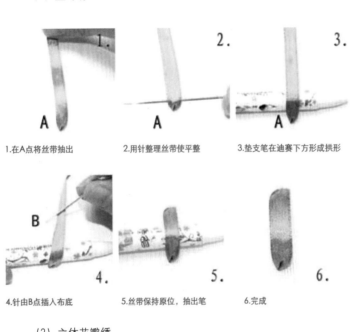

1.在A点将丝带抽出   2.用针整理丝带使平整   3.垫支笔在迪赛下方形成拱形

4.针由B点插入布底   5.丝带保持原位,抽出笔   6.完成

(2) 立体花瓣绣

1.如图所示在丝带一端缝制   2.抽拉棉线使其皱褶并固定于布底

3.在定位点出针想死带右上方倾斜缝制　　4.抽拉棉线使其皱褶固定于布底

5.在定位点出针，沿适合长度固定

6.重复步骤3、4，绣制第三瓣花瓣

7.依次绣制其余花瓣，完成

注意要点：

1. 丝带的反正（有时需要将比较亮的一面朝上，有时需要将比较暗的一面朝上），以及摆设。

2. 丝带绣在绣制时最好保持丝带的自然松紧状态，丝带拉得太紧容易使绣布发皱变形，缺乏灵气。丝带放得太松也不合适，在丝带绣成品的使用过程中容易被挂起丝影响美观。

3. 在绣制丝带绣的过程中要避免针法错误，绣布背面不宜相互直拉，否则会造成丝带过于浪费，以致无法完成绣品。在绣制丝带绣时最好掌握针不管从哪里入尽量从旁边出来的方法，这样可以节约丝带的用量。剩下来的丝带朋友们不要丢掉，积攒起来可以用来发挥自己的想象力创造其他丝带绣作品。

3．珠绣

珠绣工艺是在专用的米格布上根据自主设计的抽象图案或几何图案，把多种色彩的珠粒，经过专业绣工纯手工精制而成。珠绣艺术特点是珠光宝气，晶莹华丽，色彩明快协调，经光线折射又有浮雕效果，是现代生活理想的高档时尚礼品、室内装饰品。

工具材料：

工艺方法：

步骤1：仔细观察图纸配色及注意事项，数出颜色数量。

步骤2：将图纸颜色与所配珠子进行对比选择。

步骤3：找到绣布中心点（两次对折点），以中心点数出起针点。（通常以图案的最下面一排为起针点）。

步骤4：将穿好线的绣针从绣布背面穿结（即固定）后从起针点处穿出。

步骤5：找来瓷碟等容器，取出适量要使用的珠子。

基本针法：

（1）串珠固定针法

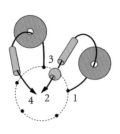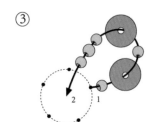

（2）管珠花梗针迹

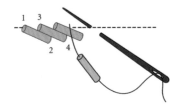

将管珠的一端沿图案对齐着刺绣

（3）直线针迹

单针固定   十字形针固定

（4）圆珠花梗针迹

将圆珠串成串，然后固定用圆珠做立体刺绣时可以用该针法。

二、花饰

花卉饰品在服饰装饰中占重要地位。不同工艺手段、表现形态、材质能表现不同的艺术效果。

工具材料：

毡布

针、线

低温热胶枪

剪刀

双面胶

工艺方法：

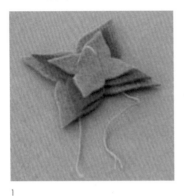 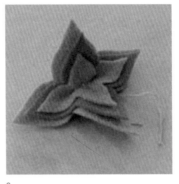 

1   2   3

    step1：依花饰造型需要，在毡布上剪下花朵的形状。

    step2：如图所示，把花瓣叠在一起。从背面的中心穿过一针并打个死结。

    step3：根据需要加装配饰或附件

三、编结

    编结是绳结和编织的总称，是主要采用各类线形纤维材料，运用手工活使用工具，通过各种编织激发制作完成的编织物品。编结艺术能形成半立体的表面形式，其织物的肌理、质感、色彩、图案等具有变化的效果，是服装服饰装饰的重要手段之一。

    工具材料：

各式绳带

剪刀   图钉   钳子   泡沫板

1. 葡萄结

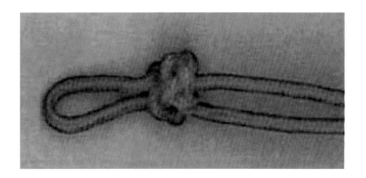

基本方法：

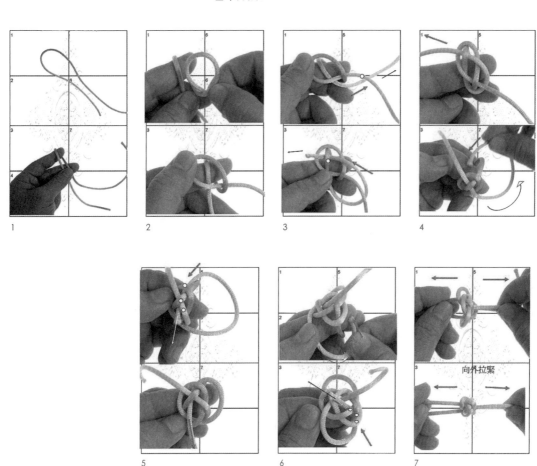

2. 盘长结

基本方法：

 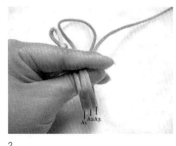 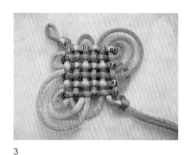

1　　　　　　　　　　2　　　　　　　　　　3

步骤1：取双色线做双联结定出挂耳长度。

步骤2：左手食指、中指夹双联头，取右线（蓝线），逆时针方向绕拇指三圈，形成耳翼A1、A2、A3，拉大A2、A3间外耳翼，预留耳翼C2，（A部分耳翼出线靠下）。

步骤3：取左线（黄线），顺时针方向包A1、A2、A3，形成耳翼B1（出线靠下）用无名指将线尾扣在手心。

  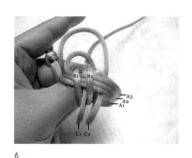

4　　　　　　　　　　5　　　　　　　　　　6

步骤4：取蓝线尾，捏耳翼C1，由右向左，进A3、A2、A1（出线靠下）。

步骤5：取黄线，顺时针方向包A1、A2、A3，形成耳翼B2（出线靠下）用无名指将线尾扣在手心。

步骤6：弯折预留A2、A3间外耳翼C2，由右向左进A3、A2、A1（上线靠后，下线靠前）。

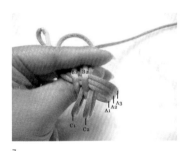
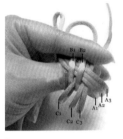
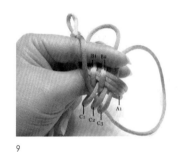

7

8

9

步骤7：整理，用左手食指中指夹住蓝线部分。

步骤8：取蓝线尾，捏耳翼C3，由右向左，进A3、A2、A1（出线靠下）蓝线已完成，以下部分蓝色为代替耳翼。

步骤9：取右侧蓝线尾，由下往上，进C3、C2、C1后，由双联头间穿到结体背面。

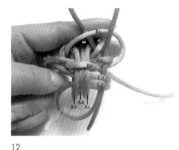

10

11

12

步骤10：整理耳翼，将结翻到背面。

步骤11：整理结体，左手食指、中指夹住蓝色外耳翼、双联头部分。

步骤12：取蓝线尾，由上往下，压B1、进C1，压B2、进C2、C3穿出。

13

14

15

步骤13：收紧蓝线，完成而已D1将结体翻180°，结体正面朝上。

步骤14：取黄线尾，由下往上，从左右分开的A1、A2间，挑C2、C3、压B2，挑C1压B1后，挑A1、A2间外耳翼穿到结体背面。

step15：收紧线尾，将结翻转180°，结体背面朝上。

16

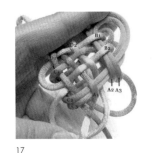
17

18

步骤16：取黄线尾，由上往下，从左右分开的A2、A1间，压B1、挑C1，压B2、挑C2、C3后，挑B2、D2间外耳翼穿到结体正面。

步骤17：收紧线尾，形成耳翼D2，将结体翻转180°，结体正面朝上。

步骤18：取黄线尾，由左往右，从上下分开的C2、C3间，挑D1、压A1，挑D2、压A2、A3后，挑C2、C3间外耳翼，穿到结体背面。

19

20

21

步骤19：收紧线尾，将结体翻转180°，结体背面朝上。

步骤20：取黄线尾，由左往右，从上下分开的C2、C3间，压A3、A2，挑D2、压A1，挑D1后，挑B3、D2间外耳翼，穿到结体正面。

步骤21：收紧线尾，完成耳翼B3，将结体翻转180°，结体正面朝上。

22

23

24

步骤22：取左侧黄线尾，顺蓝线进线方向，挑C3、压B3，挑C2、压B2，挑C1、压B1后，由双联头间穿到结体背面，替换出蓝色D1代替耳翼。

步骤23：收紧线尾，将结体翻转180°，结体背面朝上。

步骤24：取黄线，由上往下，压B1、挑C1，压B2、挑C2，压B3、挑C3穿出。

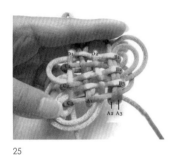

25

26

27

步骤25：收紧线尾，拆除蓝线代替而已D1，将结体翻转180°，结体正面朝上。

步骤26：取黄线尾，由下往上，从左右分开的A2、A3间挑C3、压B3，挑C2、压B2，挑C1、压B1后，挑A2、C2间外耳翼，穿到结体背面。

步骤27：收紧线尾，将结体翻转180°，结体背面朝上。

28

29

步骤28：取黄线尾，由上往下，从左右分开的A3、A2间，压B1、挑C1，压B2、挑C2、C3后穿出。

步骤29：收紧线尾，完成耳翼D3，调线完成。

第二节　减法工艺

一、镂空剪切

工具材料:

剪刀

刀片

铅笔

尺

固定形状切割磨具

工艺方法:

在面料上先按照设计图效果划出图形纹样，然后用剪刀或刀片进行剪切，形成虚实相间的镂空效果。

①

③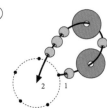

注意要点：

面料的选择需要注意其毛边性及质感。

二、撕扯

工具材料：

剪刀　　　　　　　　刀片　　　　　　　　　　　　镊子

工艺方法：

步骤1：在面料或成衣上设计好撕扯效果的部位。

步骤2：利用所需工具进行剪、挑或者撕等操作。

步骤3：根据设计需要进行图案形状及肌理效果的整理。

注意要点：

面料选择时主要使用一些梭织面料。

三、做旧

工具材料：

砂石　　　　　　　　　　　　砂纸　　　　　　　　　　　84消毒液

工艺方法：

步骤1：利用砂石、砂纸在面料上反复摩擦，获得起球、破损的效果。

步骤2：利用84消毒液的强力漂白功效，在面料上进行褪色处理，达到做旧效果。

注意要点：

面料本身织物密度、牢度的考虑非常重要

第三节 其它工艺

一、褶饰

褶饰是服装设计常用的造型方式之一。面料的褶皱是使用外力对面料进行缩缝、抽褶或利用高科技手段对面料皱褶永久定形而产生的。褶饰能改变面料表面的肌理形态，使其产生由光滑到粗糙的转变，有强烈的触摸感觉。褶皱的种类很多，有压褶、抽褶、自然垂褶、波浪褶等，形态各异。通过褶皱材料、工艺、造型、位置等设计手法不同，可以使面料产生不同的美感。

工具材料：

织物　　　　　　　　　手缝　　　　　　　　　　　　针线剪

工艺方法：

1.线缝褶饰

（1）波浪褶饰——倒回针像山形上下起伏波动。针距大小按设计要求。注意缝线时的松紧，拉线时不要改变成品宽度。

（2）花梗式褶饰——将每个褶山用倒会针固定

 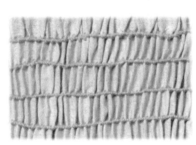 

（3）菱形褶饰——平缝两褶山后绕线错开再缝一行褶山，重复多次便成此效果。锁缝图形要均匀，线迹不要拉太紧。

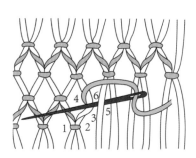

（4）卷缝褶饰——逐个将褶山卷缝改变行列，绕缝成形，褶山紧跟着绕缝，每根线都需拉紧。

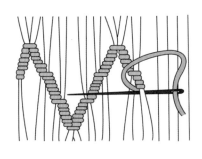

（5）羽状褶饰——边挑褶山，边用羽状针锁缝，注意线的松紧。

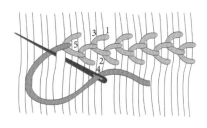

2．立体褶饰

工艺方法：

步骤1：先在布的反面按用途设计好效果大小，画好正方形方格，格子大小根据所形成的褶饰用途来定，一般边长2厘米。

步骤2：在方格内设定所需缝合的连接线，连接线的形式可归纳为三种：直线连接、弧线连接、折线连接。

步骤3：根据连接线设计方式，在布料反面挑一到两根纱将布料锁缝，注意用同色线，面料正面不能露针迹。

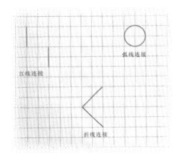 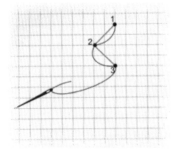

各种效果针法演示图：

针法一：

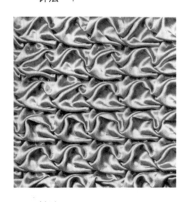 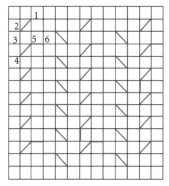

针法二：

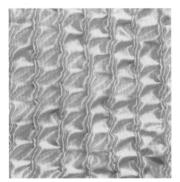 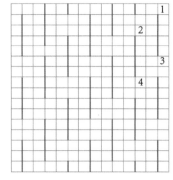

针法三：

 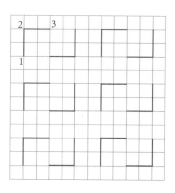

针法四：

 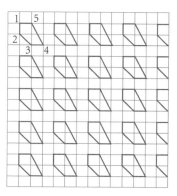

针法五：

 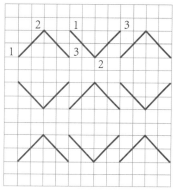

二、印染

印染是对需要进行图案装饰的纺织服装材料采用一定的工艺，将染料转移到布上的方法。手工印染品种繁多，包括雕版印、蜡染、手绘、扎染等。其中扎染最具特色。

1.蜡染
工具材料：

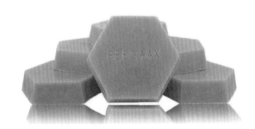 

织物：纯棉平布。

线绳：要求有一定牢度，不易拉断各种线绳。

工具：电炉、不锈钢染缸、剪刀、针、电熨斗等。

染料：直接蓝、直接黄。

助剂：纯碱、食盐、肥皂或洗衣粉。

工艺方法：

步骤1：图案设计。

步骤2：图案过稿。

步骤3：封蜡（温度70-80度左右）。

步骤4：画面蜡液凝固制冰纹。

步骤5：染色（常温，时间30-45分钟）。

步骤6：氧化处理（时间20分钟左右）。

步骤7：清洗。

步骤8：高温退蜡。

步骤9：整理。

2.手绘
工具材料：

工具：毛笔（衣纹、叶筋、小白云各一支）、纺织颜料

纺织颜料

毛笔

技术要求：采用国画工笔画勾线（钉头鼠尾描；高古游丝描；枯柴描）、渲、染等技法，表现出中国画的韵味。

工艺方法：

步骤1：设计手绘图案。

步骤2：将所需手绘图案过稿到面料上。

步骤3：对面料图案进行勾线。

步骤4：辅色（渲染）。

步骤5：整理面料。

3. 扎染

工具材料：

织物：纯棉平布。

线绳：要求有一定牢度，不易拉断各种线绳。

工具：电炉、不锈钢染缸、剪刀、针、电熨斗等。

染料：直接蓝、直接黄。

助剂：纯碱、食盐、肥皂或洗衣粉。

扎染手法：

（1）捆扎法：捆扎法是将织物按照预先的设想，或揪起一点，或顺成长条，或做各种折叠处理后，用棉线或麻绳捆扎。

（2）折叠扎法：是扎染中应用最广泛的技法，对折后的织物捆扎染色后成为对称的单独图案纹样；一反一正多次折叠后可制成二方连续图案纹样。

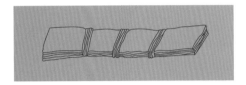 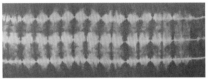

（3）平针缝绞法：平针缝绞法可形成线状纹样，可组成条纹，与可制作花形、叶形。用大针穿线，沿设计好的图案在织物上均匀平缝后拉紧。这是一种方便自由的方法，可充分表现设计者的创作意图。

工艺方法：

步骤1：图案设计。

步骤2：捆扎面料。

步骤3：染色（温度95度，时间45分钟）。

步骤4：面料清洗。

步骤5：拆线。

步骤6：成品整理。

一组面料设计（一）

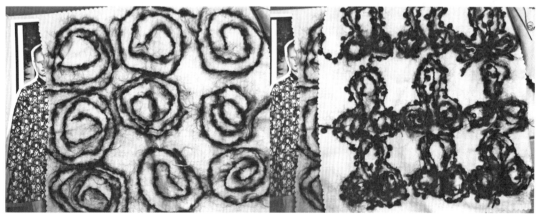

运用了绒线线绣改造手法的面料二度创作

一组面料设计（二）

运用了面料拼贴、镂空钉珠以及褶皱肌理改造手法的面料二度创作

一组面料设计（三）

运用了钉珠手法的面料二度创作

一组面料设计（四）

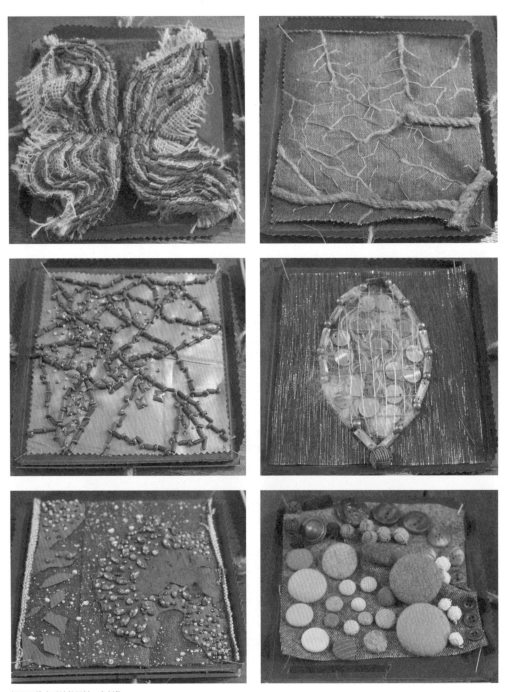

运用了堆砌手法的面料二度创作

一组面料设计（五）

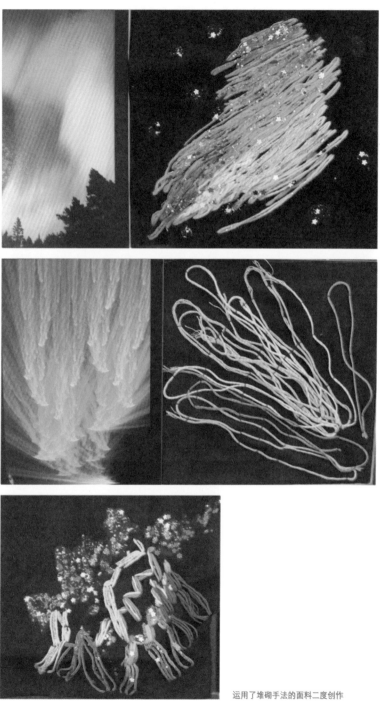

运用了堆砌手法的面料二度创作

第四章

设计灵感的创意表达

第一节　面料艺术表达

课时安排：8课时

一、面料质感的艺术表达

常用服装面料包括丝绸类、薄纱类、棉布类、呢类、皮革类、起绒类、针织类、以及皮草类。

1. 丝绸与薄纱

丝绸与薄纱都属丝织物，丝绸拥有亮光与柔软的表面，在绘画中常用明显的高光与反光来表现；薄纱面料通常纱支稀松，质地透明。不同种类的薄纱质感略有差异，如生丝纱质地硬挺，乔其纱色泽柔和等。在绘画中，常用透出底层肌肤的方式来表现薄纱的半透明效果。

2. 牛仔布

棉布，以绘制牛仔布为例，着重表现面料的厚重感和粗棉布的斜纹肌理。牛仔布多为蓝、黑等色，有各种不同的加工工艺，如经典的李维斯蓝色501牛仔布、石磨牛仔布、色织牛仔布、泥地点纹理牛仔布等。牛仔布纹理鲜明，在绘制过程中可以用于画法表现布料的纹理感。牛仔布另一个重要特征是缝纫线迹。为保持衣物的坚固耐穿，牛仔布料的接缝处常用双线或握手缝的工艺，线迹往往清晰并具有鲜明的装饰感。

3. 呢料

呢料的质地厚重，因此在绘画时着重表现面料的质感和编织的混色纹理。呢料有十分粗糙、花色混杂的粗花呢，较为精细的细花呢，比较平滑的西装呢和纹理规律的人字呢等。厚重的水分颜料较为适合表现这一类织物。由于面料比较厚重、硬挺，因此在时装画中此类面料常与较为简洁的款式相搭配。

下摆薄纱效果

飘逸真丝效果

半透明下摆效果

哈伦牛仔裤

涂鸦式牛仔连体裤

呢西装外套

4. 皮革

不同的皮革面料会有不同的视觉外观，例如麂皮面料柔软、厚重，并带有细微的绒面感；漆皮则是在普通皮革的表面加上亮面涂层，既有皮革的柔韧度，又有塑料一般的光泽感。另外还有各种带有花纹的皮革，例如压花纹的鳄鱼皮、图案式的蛇皮等。尽管皮革种类繁多，但是它们的共同特征是质地较厚、较硬，接缝更是十分明显，褶皱也相应较为干脆。

5. 起绒面料

起绒面料具有丰富的光泽变化。与丝绸等光滑面料有别，起绒面料的光泽较为温和，但反光比较强烈。因为绒质面料的细腻与起绒肌理，使面料反光部分产生纯度较高的亮色。常用的起绒面料有天鹅绒、条绒（灯芯绒）、烂花绒等。天鹅绒十分奢华，色泽浓丽、光影感强烈；条绒则十分柔软，反光较弱，绒毛感丰厚；烂花绒通常以平整的面料为底，衬托出绒毛的图案，常用于制作礼服。

6. 针织面料

针织面料分为裁剪类针织和成型类针织。裁剪类针织质地光滑柔软，色泽温和，没有明显的高光。成型类针织由各种纱线编制而成，有较为清晰的发辫状肌理，根据不同的编织法和不同材质的纱线，会形成不同的效果。粗棒针织物纹理粗、纱线短毛、绒较多，视觉上表现出蓬松的印象；提花针织的花纹与图案都需要符合发辫状的纹理规律。细棒针的纹理细密，面料有一定的光泽，辫状纹理十分细小。

皮质感紧身裤

7. 皮草

　　与皮革一样，皮草面料由各种不同的动物毛皮构成。不同的动物毛皮效果也会有所不同，但是基本可以划分为长毛皮草、短毛皮草和剪绒皮草三类。长毛皮草如狐狸毛、驼毛、羊羔毛、獭兔毛等，毛量丰富、质地柔软。短毛皮草如水貂、马毛等，质地较硬且光泽感好。剪绒皮草如羊剪绒、兔毛剪绒、貂毛剪绒等，在制作面料时剪去较长且富有光泽的锋毛，留下柔软细腻的绒毛，质地密实，保暖性好。

桃皮绒面料效果

天鹅绒面料效果

粗棒针织物服装效果图

裘皮表达手法

长毛表现手法

狐狸毛表现手法

二、面料图案的艺术表现

图案面料在时装画之中十分常见，表现的关键在于配色、花型和在服装上的位置。图案面料的设计需要符合时装画的整体风格。此外，还需要注意，图案的运用需要考虑到人体的结构与比例，因此色彩不宜太复杂、花型本身不宜过大。图案的绘制要符合面料的起伏规律：在褶皱隆起的部位，图案要相应提高明度；而在褶皱被阴影了覆盖的部位，则要相应地降低明度与色彩纯度，让图案弱化后退。

1. 花卉图案

花卉图案也是常见的服装图案之一，有具象花卉图案、抽象花卉图案、水墨花卉图案等不同的艺术表现形式。自然界中有形态各异的花卉品种可以作为设计的灵感，因此花卉图案十分灵活丰富。花卉图案可以用各种工具来表现，不论是水彩、水粉还是彩铅，都需要注意表现出花卉丰富的色彩和生动的造型。

2. 动物纹样

取材于自然界的动物纹样也是常用的时尚图案，例如斑马纹、豹纹、蝴蝶纹等。在运用这些自然的动物纹样时，可以借鉴其真实的色彩和形象，也可以使用主观的配色来代替，或是采用抽象、几何、变形等艺术手法将动物形象转化为装饰图案。

花卉印花效果图

印花面料表现手法
刻纸图案印花

斑马纹样

3. 条纹与格纹

各种格纹和条纹在时装图案中总是占据一席之地。经典的苏格兰格子、棋盘格、海军条等图案，更换配色和比例大小就可以衍生出一款新的样式，简洁而实用。不同的格纹和条纹各有其特色。例如纵横相间的棋盘格格纹十分规律，主要依靠色彩搭配产生效果；苏格兰格子则依靠不同色彩、宽窄的纱线形成多变的效果；海军条虽然简洁大方，但也能通过条纹的宽窄疏密产生丰富的变化。

三、面料工艺的艺术表达

面料的另一大类就是各种使用不同加工工艺而成的装饰性面料。在普通面料基础上，或是绣花、或是衍缝、或是做旧，手段十分多样。不同的工艺需要用不同的技法来表现，使面料特色栩栩如生地展现出来，成为整个画面的亮点。

印染条纹与格纹面料效果

1. 蕾丝与刺绣

蕾丝面料由不同质地、色彩的纱线编织而成，一般质地较为轻薄。刺绣图案由较细的丝线叠加穿插而成，显得厚重，立体感强，并带有一定的光泽感。

2. 镶钉工艺面料

镶钉工艺无论是在现代摇滚风格还是复古宫廷风格中都十分流行。最具代表性的有金属铆钉、珍珠钉坠、烫钻、亮片面料、镶嵌工艺等。这种工艺主要是将各种光泽感较强的装饰物固定在面料上，形成不同的样式与效果。因此体积感和光泽感是在时装画中表现镶钉工艺的要点。

色织格子呢面料效果

肩部蕾丝设计效果图

镶钉工艺细节设计效果图

3. 打褶面料

打褶面料是一种常用的面料工艺。在时装画中，褶皱的形式不但是服装的构成元素之一，还能够丰富视觉层次感。打褶工艺十分丰富，有高温压制的百褶、剪裁形成的荷叶边活褶以及抽褶等。绘制打褶面料时，需要用明暗表现出褶纹的立体效果，褶皱的形台和疏密等会给画面带来韵律感和节奏感。

4. 做旧和水洗

做旧和水洗工艺多用在牛仔面料上。做旧方式很多，常用的有两种：一种是用化学试剂腐蚀面料上的染料，让面料发黄变软；另一种是截断部分纱线，人为造成磨损的破洞效果来模仿旧衣样式。水洗工艺则是将布面洗白，形成较为自然的怀旧风格。

裙片高温打褶效果

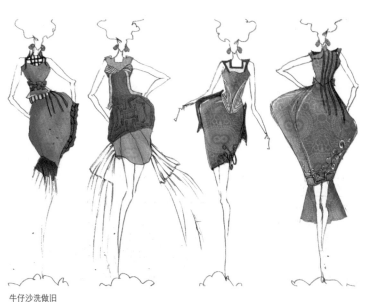

牛仔沙洗做旧

面料图案水洗做旧

第二节　设计作品赏析

Chanel手稿
(Sketch fall1920 -Chanel6)
职业装运用写实的时装画技法，
面料肌理及配饰表现得格外清晰。

Dior手稿
通过水彩晕染的方式，色彩的明亮度和深浅表现得具有层次感和立体感。

① Eduard Erlikh：手稿服装颜色采用大面积晕染的方式，头像运用无脸的抽象画法，着重体现服装整体形象。

② Givency for Madonna：电脑画稿此幅设计画稿通过人模正面和人模背面双重呈现，颜色通过亮黄色的大面积上色，体现黄金贵族气息。

③ Elie Saab：通过电脑软件绘画时装画，采用实际面料体现在服装中，着色能够看到实际的呈现，同时可以想象出整体的礼服效果。

④ Jason Wu：九头身的人模比例，服装单色、格纹褶皱等各个方面，表现得错落有致。

① 运用对流线型的设计，融合不同面料混合而成，塑造3D 立体效果，营造刚柔并济的设计感觉。

② 鞋子、手腕包、项链，采用金属质地结合透明材料，营造低调奢华质感。简单的黑白色系，搭配细节曼妙的处理，侧体的视觉展出生动的立体感。

③ 在自然生态学的影响下，粉蓝、粉绿、粉红等粉色系的色彩，附加多层褶皱的设计，营造优雅的梦幻感。洛可可建筑风格的奢华，附加花边褶皱的装饰，配饰充满女性柔美的华丽感。

④ 东西方图案的结合，体现东方遇上西方元素的冲撞感，更体现了两者结合的融合美。

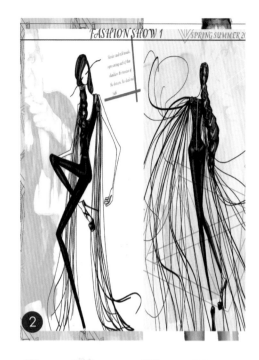

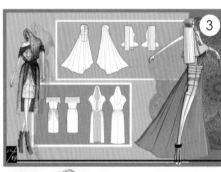

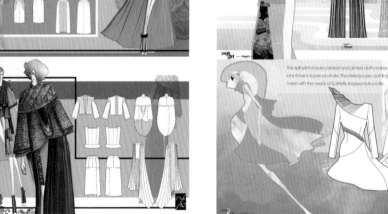

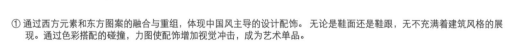

① 通过西方元素和东方图案的融合与重组，体现中国风主导的设计配饰。 无论是鞋面还是鞋跟，无不充满着建筑风格的展现。通过色彩搭配的碰撞，力图使配饰增加视觉冲击，成为艺术单品。

② 简单的服装造型，搭配细长飘逸的流苏，流露出模特随意舞动间的美感。

③ 运用丝绸、涤纶、亚麻等面料，融化自然舒适的设计，打造无拘无束的生活释放感。

④ 融合东方折纸和西方建筑设计理念，着重多层褶皱的设计，打造服装3D立体的梦幻效果。面料附加软塑料面料材质，支撑轮廓线的结构感。

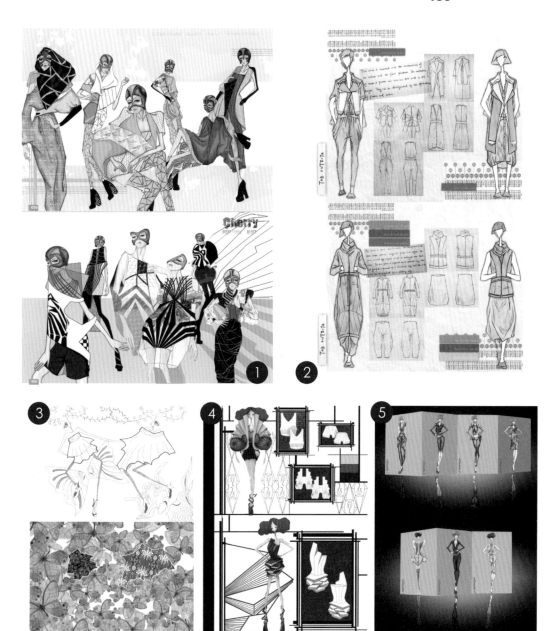

① 灵感来源于洛可可建筑风格，采用弧线和S形的装饰风格，在哲学与美感双向结合下，体现服装的美感。

② 褶皱的设计体现在裤装的臀部位置以及裙装的收口处，减少了款式的单一感。颜色的和谐搭配设计，使整体服装充满连贯性。

③ 灵感来源于中国的柔美遇上法国的浪漫，运用抽象风格的时装画技法。服装与背景结合为一体，少了一分实体的具象，多了一分抽象的想象。

④ 廓形上采用不同形状的重叠组合、结构，打造丰富视觉的立体服装效果。

⑤ 结合建筑元素，在设计上体现结构的立体印象，通过色彩的和谐搭配，展现女性曼妙身材。

编写组成员:

周晓鸣　郭家琳　邢　洁　陈雯雯　吴湘济　胡　强
杨旭东　董　琳　姚佳慧　诸侃麒　杜丽瑛　马　琴

以下学生的作品被收录到本书,特此感谢:

陈安琪　顾严沁　金　婕　蒋伟娜　乔　阳　李杰丞
罗　珺　罗晓嫒　马紫艳　彭绎静　戚雯雯　戚　烨
施嘉玮　孙　梅　沈虹伯　吴念慈　许之炜　薛天雯
夏理晏　余先翔　易　铭　赵　靓　赵小皎　朱恩霆
朱海琳　张　爽　张逸耘　章　曼

参考文献

[1] 刘晓刚、崔玉梅《基础服装设计》[M],东华大学出版社,2005。

[2] 张玲《服装业概论》[M],中国纺织出版社,2005。

[3] 包铭新《时装评论教程》[M],东华大学出版社,2005。

[4] 史林《服装设计基础与创意》[M],中国纺织出版社,2006。

[5] 崔荣荣《服饰仿生设计艺术》[M],东华大学出版社,2005。

[6] 杨永庆《服装设计》[M],中国轻工业出版社,2006。

[7] 华梅《服饰与中国文化》[M],人民出版社,2001。

[8] 肖琼琼《创意服装设计》[M],中南大学出版,2008。

[9] 鲁闽《服装设计基础》[M],中国美术学院出版社,2001。

[10] 刘元风《服装设计教程》[M],中国美术学院出版社,2002。

[11] 黄嘉《创意服装设计》[M],西南师范大学出版社,2009。

[12] 胡小平《现代服装设计创意与表现》[M],西安交通大学出版社,2001。

[13] 〔英〕琼斯著、张翎译《时装设计》,中国纺织出版社,2009。

[14] 陈莹、李春晓、梁雪《艺术设计创造性思维训练》[M],中国纺织出版社,2010。

[15] 齐静《演艺服装设计》[M],辽宁美术出版社,2010。

[16] 尚品荟《丝带绣基础入门》[M],东华大学出版社,2014。

[17] 汪芳、邵甲信、应鄌《手工印染艺术教程》[M],东华大学出版社,2008。